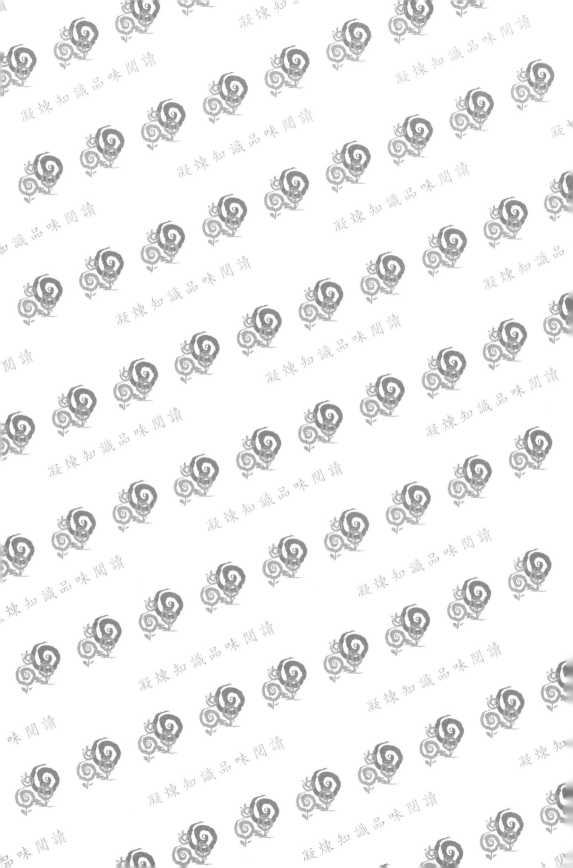

職場
生涯管理

五南圖書出版公司 印行

自序

　　《職場生涯管理》這樣的一本書，就是一本「如何成功」的武林祕笈。這裡的「成功」是：「達成你所設定的目標」，而不是如同一般世俗想的當上總統、成為億萬富翁，或是擔任董事長或總經理。它絕對是個人化的，是幫助你達成自己「客製化」的目標，使你能夠成功。透過由淺入深的講解鋪陳，讓原本模糊不清的概念和方法，能夠有一個清晰的脈絡。其中的管理知識更是集各樣學理的大成，可以使讀者快速掌握並且立即釐清職涯發展的脈絡，進而在你的工作和家庭生活當中，成為絕佳的一本教戰守策。

　　這樣的一本書，不是一本速成仙丹，讓你可以快速練成；也不是練一套絕世武功，讓你一飛沖天，稱霸武林，笑傲江湖。這實在是一個講究火候的平實功夫，是一本武林祕笈。它是針對一個能力一般的你我，資質也普通的你我，能夠穩扎穩打，在這個社會上發揮槓桿，事半功倍的往上爬升，逐漸改變你的生活和經濟。《職場生涯管理》可以讓你擁有一份達成目標的成功職涯，以及讓你擁有滿意的幸福日子。

　　這本書所寫的管理原則，都是很基本的一些原則，或許是你以前就已經知道的原則。但是，基本的事情，堅持去做；簡單的事情，重複去做，才是你的真正實力。透過你的真實力，才能夠建立起屬於你自己的職涯格局。這樣的一本書，它絕對可以幫助你少走很多冤枉路，絕對可以達成事半功倍的效果。這是作者寫這樣一本書《職場生涯管理》的主要目的。

　　《職場生涯管理》書上面所寫的例子，都是作者親身經歷過的，是被證實真正有效，才寫進這本書裡面（用標楷體表示）。作者不用一些名人的事例，不唱高調，不打高空，而是講求腳踏實地，實事求是。職涯管理不需要你做出驚天動地的大事業，成就一將功成的大功勳。只要你完成你自己所設定的目標，做到並完成你的職涯管理，就是成功；同時，你能夠

滿意你所獲得的成果，做到屬於你自己獨特的職涯管理，就是幸福。

　　上帝賜給我一個溫暖的家庭，笑容可掬的賢慧妻子，貼心孝順的兒媳，以及和樂的家居生活，這是我工作的動力來源。每天早上我起床、出門，做自己喜歡的工作，這是我職涯管理的樂趣祕笈。更棒的是，我不斷在工作職涯上發掘出更好的方法，來做這樣的一件事。我很開心，能夠做自己喜歡做的工作，還有一點小成績，也是選擇強化職涯管理的成果。

　　最後，將《職場生涯管理》這本書獻給　上帝。我也要衷心感謝和我結縭三十五年的妻子彝璇，以及兒媳迦樂、子祈、以樂和恩馨，你們都是我的寶貝。本書能夠順利完成，必須特別感謝愛妻彝璇這些年來的辛勞持家、鼓勵支持和愛心包容。誠如所羅門王《箴言》：「得著賢妻是得著好處，也是蒙了耶和華的恩惠。才德的婦女誰能得著，她的價值勝過珍珠。」五南圖書出版公司楊士清總經理和王俐文副總編輯概允出版，作者一併衷心感謝。本書中如有任何疏漏和缺失，尚祈各界先進不吝指正，很是感謝。

陳澤義

識於國立臺北大學國際企業研究所

2024年7月

寫在前面：你有以下這八個問題嗎？

　　如果你有以下的這八個問題，《職場生涯管理》這一本書可以：

1. 我每天忙得像無頭蒼蠅一樣，總覺得時間不夠用，那該怎麼辦？
→ 請看第十章「時間管理還是『時間管你』」。管理時間就是管理生命、管理職涯。需求面做好，要事優先處理；供給面做好，時間效率化管理。

2. 我面對前途感到前途茫茫，懷疑我的職涯，我不知道該怎麼走下去？
→ 請看第一章「職涯管理第一步」。問自己，我是誰？我要成為誰？並回答書上的題目。

3. 我工作久了，感到一點勁都沒有，抱著當一天和尚撞一天鐘的心情，上班時等著下班？
→ 請看第六章「熱情擴大職涯發展」。重新去找回你的熱情。去想想你的願景、你會做的事、你喜歡做的事、你有機會做的事，這些事情的交集是什麼。

4. 我想要找工作丟履歷表，但不知道要前往哪一個部門？哪一個行業？
→ 請看第三章「找對工作建立個人品牌」。並且做附錄中的兩份職業性向問卷。找出自己是赫蘭的個性和工作適配中的哪一種人？適合做哪個部門的工作？還有適合到哪個行業去工作？

5. 我覺得上班的部門和行業應該還算適合，但是卻一點都沒有長進，這該怎麼辦？

→請看第五章「學習帶動職涯發展」。知道並做到要好好用心的去學習，建立在工作部門上的專業實力，並且能夠明顯的超越別人。

6. 我很難做出選擇？在三份工作之間、在兩個對象之間、在四件洋裝之間、在三輛汽車之間。

→請看第八章「選擇比努力重要」。勇敢的做出理性決策，找出你的決策準則，再用加權平均法來做出決定吧。

7. 我覺得職涯無望，我很想直接躺平，或甚至是去死一死算了？

→請看第二章「環境事件大考驗」。去發現自己是怎樣「解讀」某些事件的內容，去釐清真正的問題，也去釐清事件和你的個人價值的關聯。

8. 我覺我的壓力山大，壓得我每天喘不過氣，甚至都睡不好覺？

→請看第十一章「職涯壓力釋放」。分別從供給面和需求面，找到釋放壓力的方法，並且做好它。

　　當然，就算是你還有第九個問題（我要怎樣才能快一點當上主管呢？）第十個問題（算命先生說我今年會……）、第十一個問題（真的是所有宗教都是一樣的嗎？）那也是都可以解決的（請參見第四章和第八章），讓我們繼續看下去吧！

目錄

1.1 知識導入是必需的　1　1.2 目標導向的職涯人生　5

成功是「達成你所設定的目標」；而幸福是「滿意你所達成的成果」。

2.1 解讀還是「解毒」　19　2.2 事件的正確解讀　22

2.3 事件不等於價值　25

面對職涯的環境事件，你是做錯誤的解讀，或是能夠做正確的「解毒」；要知道，問題並不可怕，可怕的是對問題的解讀和反應。

3.1 天生我材：叫你第一名　31

3.2 必有所用：你是獨特的　37

3.3 行行出狀元：你的職涯藍海　43

你是最棒的，就是「天生我材」；你是獨特的，就是「必有所用」；走進你的職涯藍海，就是「行行出狀元」，來建立你的個人品牌。

從外在環境透視到個人命運。透過「偶然力」，建構起發現槓桿、培養實力、建立格局的三次轉換，成就職涯策略的實績。

要學習帶動職涯發展，將「學習力」置頂，隨時隨刻的優先學習，這是必需的。

心流來自願景和熱情，雙管齊發，再加上期望的心想事成，來擴大職涯發展目標。

總體策略、任務策略、槓桿策略工具有如電腦遊戲的升級版，使你的單車變摩托。

圖表目次

第一章　職涯管理第一步

職涯寫真	在青春年少，懵懵懂懂的時期，不知道什麼是大學選填志願，更不知道什麼是學業事業前途。我在大學時期，忙於社團而忽略學業，差一點被½要退學去當兵。在大四時蒙一位老師指點，說我適合擔任教師，這開啓了我的職涯願景和目標。這也是本書第一章：「職涯管理第一步」的内容。這導向我日後職涯的「成功」之路。

職涯管理的第一步是：找到你的職涯願景、使命，並且設定目標。然後透過管理的置入，從目標導向來管理你的職涯。因為成功是「達成你所設定的目標」；而幸福是「滿意你所達成的成果」。

1.1　知識導入是必需的

一、這樣一本「職涯管理」武林祕笈的角色扮演

在當前網路手機、人工智慧（artificial intelligence, AI）盛行的資訊社會，人們多半使用谷歌（Google）網站、**APP應用軟體**（application, APP），或生成式訓練好的對話轉換器（Generative Pre-trained Transformer, Chat GPT），瀏覽資料並檢索下載，以及做出行動決策，這已經是APP世代中，人們的生活日常和學習常模。例如：尋找餐廳時，谷歌、Chat GPT一下，餐廳評價和地點一目了然。準備餐點時，谷歌、Chat GPT一下，食譜料理信手拈來。外出旅遊時，谷歌、Chat GPT一下，住宿、飲食、交通和名產，輕鬆搞定。谷歌、Chat GPT已經變成萬事通。甚至是碰到專有名詞時，谷歌、維基百科一下，就解釋清楚；碰到不懂的外文，谷歌翻譯一下，翻譯成中文輕而易舉；碰到不解的問題，谷歌、Chat GPT一下，一指

就輕鬆獲得解答。在這種情況下，生活上食衣住行育樂的各種瑣事，倚靠谷歌、Chat GPT便可以一指搞定。在特定事情上的疑難雜症，只要Chat GPT詢問，也能夠快速搞定。在生活大小事都能夠靠網路手機解決的情況下，那現代人自然不愛閱讀看書、不愛教室上課、不愛教育受訓，自屬必然。在網路資訊的全面壟罩下，人們照理應該是悠哉游哉，自然是高枕無憂，樂享職涯才是！

　　但是，為什麼現代人，特別是年輕人，經常感到自己前途茫茫、職涯迷惘呢？甚至是成為「月光族」、「躺平族」呢？而且不管是在台灣、日本、美國或全世界都是一樣呢？我認為是缺少一個職涯管理的大框架，以及缺少當中重要的核心智能，這裡面包含了重要的管理學理和職涯智慧。雖然這些核心智能，看起來很簡單、很平凡且一點也不新鮮，但卻是十分重要，且是不可或缺的。這就是我這一本《職場生涯管理》，武林祕笈的角色、功能和價值所在。

二、資訊社會中的資訊等級

　　在網路的資訊社會中，人們所接觸到的資料，可以分成資料、資訊、情報、知識、理論等五個等級。說明如下：

1. **資料（data）**：資料是最原始、粗略，沒有或很少經過他人整理和編譯過的文字、數字、表格、圖畫或影音資料。資料是第一級、最原始、最基礎的文字或數字。資料是個別的、零碎的文案，是用來檢驗事實真相的最終基礎。例如，個人基本資料（個資）、企業基本資料、各級政府資料、國家的氣候、地質、水文和生物變遷資料等。

2. **資訊（information）**：資訊是經過一般目的而編譯的文字、數字、圖形、表格或影音等文案。資料是第二級的文案，是經過整理後的文案，供社會大眾使用者。資訊是提供民眾生活便利服務的文案，在現實社會中十分常見。例如，公車路線和等候時間、飛機和車船的時刻表和價目表、天氣、颱風和地震動態資訊、新聞報導、股票和債券市場動態、影劇節目內容等。

3. **情報（message）**：情報是為某種特定用途而刻意編纂的文字、數字、

表格、圖畫或影音等文案。情報是第三級的文案，是為發訊者來提供服務的文案，在網路世界中最為常見。例如，公司年報和廣告文宣、企業行銷或財務規劃、投資理財趨勢指南、股匯市走向分析、房地產榮估動向、經濟景氣動向和產業趨勢分析、焦點話題專題報導、民意動向解析等。情報是價值或信念層次的產物，在使用時需要謹慎；情報的使用應該經過專家認證，以確保情報的專業性和公正性，例如，公司財務報表應經過會計師簽證、公司土建藍圖應取得建築師認證和建造執照、企業藥品文宣應經由專業醫師認證等。

4. **知識（knowledge）**：知識是經過專家學者認證，專業人士實際應用的文案。知識是第四級的文案，是準正確無誤的文案。例如，大學教科書、專題研究計畫報告、經專家推薦的店頭書、專業雜誌、專業學術期刊論文等。知識在網路社會中較為少見，需要仔細辨認尋訪之。

5. **理論（theorem）**：理論是經過學者專家反覆驗證無誤的文案。理論是第五級、最高等級的文案，是經過科學精神和科學方法，反覆驗證後成立的各項命題（proposition）、假說（hypothesis）、公理（axiom）、演算式（algorithm）、模式（model）、定律（law）、理論（theory）等。例如，社會科學領域的人類需求層級理論、水平溝通模式、比較利益法則、兩因素理論、理性決策模式、期望理論、增強理論、80/20黃金管理法則；以及自然科學領域的牛頓運動定律、波義耳定律、質量不滅定律、熱力學第二定律等。

三、資料文案的使用

在使用文案時，需要盡可能使用較高等級的文案，例如第五級的「理論」和第四級的「知識」。至於第三級的「情報」和第二級的「資訊」則需要慎用，避免被它誤導。這樣才是做好知識管理的看門把關。至於第一級的「資料」素材，則是做為實際的驗證用途。

實際上，世人對於資訊文案的處理態度，大多人是如同網路族的做法。網路族是社會的普羅大眾，他們習慣於手機上網，所使用的文案絕大多數是第二級的「資訊」或第三級的「情報」。因為這些「資訊」和「情

報」，太容易隨手可得。所以網路族就會透過谷歌、APP、Chat GPT，來操作「資訊」和「情報」，使他們的日常生活更加的方便和舒適。然而，由於「情報」是專爲特定人服務，其正確性有待查證，網路族很容易就被網路情報的「迷因」、「梗圖」或「懶人包」，來帶風向，而被牽引誘惑。網路族十分需要進一步對網路文案的合理性，做解讀和判斷，來過濾「情報」。並試著多加使用第四級「知識」、第五級「理論」等級的文案，好正確的做出決定。

人們可以進一步有效的應用人工智慧（artificial intelligence, AI）科技，來提高知識的含金量以實現金頭腦思考。關鍵在於運作知識擷取與整合、自動化推理和分析、模擬專家的思維、學習跨領域整合，並且持續學習。這些AI技巧將有助於人工智慧技術更有效地支持人們，在解決複雜問題和推動知識前進的過程中扮演重要角色。

這樣一來，便能夠使用「知識」、「理論」來解決職涯和生活問題，便有能力洞察出這項決策爲什麼會成功，或是爲什麼會失敗的原因。並且在下一次做類似的決定時，不會犯同樣的錯誤，也就是「不二過」。網路族要將經常使用的「資訊」、「情報」，提高知識的含金量，進升到「知識」、「理論」等級，並且運用科學理性思考，力求如同擁有專家學者的解決問題能力，達到金頭腦思考的地步。

因此，你在職場上要實際解決問題時，文案的蒐集和處理十分關鍵。你是否能夠做到兩階段的資料處理品質，這絕對是你在職場工作解決問題、職涯管理成敗的決勝點，說明如下。

1. **階段一**：先有效率的使用管理專書中的理論當作鋼筋骨架，利用書本中的知識當作磚塊，充分運用知識和理論等級的文案，找到足夠的立論基礎，以確保你的資料建構基礎和資料處理品質。

2. **階段二**：再利用谷歌搜尋、APP、Chat GPT化做水泥，共同來建造房屋，建造屬於你自己的職涯管理大樓。當然，你也可以透過生活情報或智慧格言，來當作房屋的內部裝潢，使你能夠居住的更加舒適，這就是更細緻的部分。

四、管理的角色

在這裡，**「管理」**（management）一詞，古書上就是：「房舍之下誰當官，方圓百里誰做王」的會意詞。「管」字可以分拆成為「竹」和「官」二字；就是絲竹下之官長，古代的房舍是竹屋，伴隨茅草屋成為房舍，這就是「房舍之下誰當官」；緊接著，「理」字可以分拆成「王」和「里」二字；就是百里地土之君王也。古代以圓周百里作為面積計算的單位，故稱「方圓百里」，此即「方圓百里誰做王」。故管理的起始意涵就是主宰（dominance）和統治（govern）的象徵。更由於「管理者，管束之，使其具有條理也。」管理指管制和約束周遭的人和事物，目的在於使之條理分明、井然有序，發揮出應有的功能。

基本上，「管理」是美好職涯的基石，故需要妥善設定目標、妥善管理時間、妥善管理壓力，將工作之餘的時間經營家庭、健康和服務社會，用心去生產愛情、生產健康、生產服務社會，就能夠發揮你在這個世上的應有功能。當然，更需要妥善管理上班時間，經營工作和事業，創造高生產力，絕不輕言加班，才能夠確保有效運作其他三個面向（家庭、健康和服務社會），這是維繫管理和生活平衡的重要法則。而為求有效的管理，首先必須設定目標，這時管理上的目標導向和目標管理便可以派上用場。

1.2 目標導向的職涯人生

人生就像是一條彎彎的河流，從嬰孩時期奔流到老年，直到死亡。這一條人生河流會流經每一個職涯階段，會流過不同的事件，遇見不同的人事物。在這個時候，我們可以選擇留下（流入），也可以選擇跳過（流出），這是上帝給每一個人的自由意志。而當我們選擇流入時，便開始和這個人或這個事件開始對話，經歷中間的酸甜苦辣，這就是我們人生職涯中的生命故事。

你我都有生命故事，這些生命故事便構成你自己的人生刻痕，也塑造出現在的你。讓我們透過揭開這些生命故事，成就這一本**《職場生涯管**

理》所要探討的主題。

首先，在人生職涯的每一段旅程當中，都一定會有一些叉路，這會使你需要去做決定，甚至是不容易做出決定。在這個時候，若是有一個路標，這就會像是在天空中的太陽、月亮或星星，也像是地上的山脈或河川。這樣就會使你得到指引，不會迷路。在這種情況下，若是你能夠訂出一些你自己的職涯目標，這就更像是在你的職涯旅途中，設下一道清楚的路標。它可以指引你的行走方向，不會讓你在上一週向東走、這一週向西走、下一週向南走、後來又向北走。團團轉以後仍然留在原地，白白浪費了許多的時間。因此，管理職涯需要先做好目標設定。

例如，當你大學畢業後面對台灣社會，大學生的平均薪資只有28K-30K的水平，在30歲以前，你就需要進行「目標管理」，來滿足你在工作目標和家庭婚姻目標上追尋，做成目標導向的職涯人生。

在目標管理中，你需要先有屬於你自己的**願景、使命和目標**。這是符合管理學者史坦納（Steiner）所提出的願景暨使命規劃模式，說明如下：

一、願景

「願景」（vision）是一種你想要去實現的「理想」，甚至是「夢想」。願景或稱做「視野」，是在我們的腦海中，「預先想像、看到未來的光景」。願景是你的心智才幹的高品質展現，它代表著你的夢想、盼望、期望、願望和標竿的聚焦和再升級。當然，並不是每一個人都會有清晰願景。願景通常可以從你自己的「心願」、「希望」中，去發想和孕育。

例如，我在小時候，就希望長大能夠成為一位老師。回想在小學二、三年級的時候，家住在台中，爸爸是高中英語老師。晚上在家裡常常開設英語家教班，也就是所謂的課後輔導班。我是個小小助教，經常要幫忙擦黑板、發講義。雖然到小學四年級，家搬到台北，爸爸也不再擔任老師。但是，曾幾何時，想要成為一位老師的種子，就已經在我的小小心田裡，悄悄發芽、成長著。當然，這還說不上是我的「願景」，但是，卻算是我的一個小小「心願」。

二、使命

　　「**使命**」（mission）是完成和落實你夢想的方式，使命可以看做是你這個人來到這個世界上的目的（purpose）。是你經年累月的長期間內，所持守努力的方向，直到願景完全實現為止。管理學之父彼得・杜拉克（Peter Drucker）說：「**使命是管理活動的開始，使命必然是居首。**」這告訴我們，你要將自己的生命願景，轉換成為可以努力執行的方向，並且使它能夠有效的管理，這是職涯管理的第一步。因為：沒有使命（異象），人就必然放肆。

> 使命是管理活動的開始，使命必然是居首。

　　例如，在大學時我就讀國立政治大學統計學系。在大學一年級時，由於熱衷參加社團，加上兼家教打工。同時輕忽了統計學系需要大量溫書、做練習題，來練習數學能力的本質。使得大學成績一落千丈，大二下學期時有四門學科（高等統計學、線性代數、會計學、英語聽講實習）被當，被二一了，必須退學去當兵。後來英聽課老師憐憫我，讓我改成績為及格，使我逃過退學、當兵的厄運。然而，我大三和大四的成績仍然淒慘沒有起色。在大學學業成績慘不忍睹的情況下，小時候想要擔任老師的願景，早就已經變得模糊而完全看不清，更別說教書、作育英才的使命了。

　　再如，大一時我參加國醫社並且在大三時擔任副社長。那時國醫社有一個傳統，就是擔任正、副社長的人，後來都會成為一位中醫師。在大學四年級上學期快要結束的時候，我詢問了教我線性代數的老師：「我將來想要做一個中醫師，你以為呢？」我記得那時的線性代數老師非常慈祥，他看了看我，笑著對我說：「你不太像是一個中醫師，因為你缺少一點江湖味道。你倒是比較像是一位中醫學老師，因為你對我講解中醫，講得頭頭是道」。這句話重重的敲擊我的內心，重新點燃起我擔任老師的心願。雖然後來我因為膽子太小，沒有勇氣去台中投考中國醫藥學院中醫學研究所，改而去投考跟統計學系比較相關的經濟學研究所。後來幸運錄取東吳

大學經濟研究所碩士班，這使我朝向成為一位教師的夢想和願景，有機會向前邁進了一小步。

又，願景和使命是充滿了高度內在驅力的「熱情」色彩，這和職涯發展的成效密切相關（詳第六章第一節）。這裡先從具體的目標來說明。

三、目標

「目標」（goal）是指在特定時間點當中，所要達到的結果、成績或是某一個地點，這是達成使命和願景的過程標竿。管理學之父彼得·杜拉克曾說：**「成功是得到你所想要的人或事物」**，於是，達成你自己所設定的目標就是「成功」。成功並不是非要當上董事長、總經理、居住豪宅、娶美嬌娘；只要是你達成自己所設定的目標，不管是出國壯遊、參加淨灘、單車環島、結婚生子、考上公職特考、存到「第一桶金」（例如，指特定100萬元的金額）的目標，你都是成功的。在這當中，目標包括兩個因素：時間和空間的因素。說明如下：

> 成功是得到你所想要的人或事物，於是，達成你自己所設定的目標就是「成功」。

1. **時間因素**：就是達成某一個希望成果的特定時間點。這時候需要有一個明確的數字，代表某一個特定的時間點，從而你能夠確認是不是已經如期達成目標。例如，我的目標是在30歲的時候，賺到人生職涯的「第一桶金」。我的目標是在30歲的時候結婚，我的目標是在三年後生下第一個小孩等。
2. **空間因素**：就是在某一個時間點，所要達成的目的地。這時候的目的地，可以是某一種成果、成績分數，或是實際的目的地都可以。但同樣需要一個明確的數字，來表示特定的績效水準。從而你能夠有所依循，進而自己檢查，你是不是已經達成所訂的目標。

以上的時間和空間因素，實在是缺一不可。而這個目標，若是能夠妥

善考量，甚至是能夠從上帝那裡得到靈感，則更是美事一樁。理由是：我們內心立志行事，都會是有上帝的能力在我們心中運行，為要成就上帝的美好心意，更何況是「沒有異象，民就放肆」。

在具體操作上，彼得·杜拉克繼續提出目標設定上的「SMART」原則，就是：目標要清楚明確、目標需要可以數量化、目標要可以達成、目標要有相關性、目標要有完成的時間。說明如下（參見圖1-1）：

「我是誰」
(1) 在團體中你最常扮演的角色，被分配到的任務？
(2) 什麼事情是你的好朋友曾告訴你，你最擅長它？
(3) 你做什麼事情時，時間會好像是停下來凍結了？

「我要成為誰」
(1) 有什麼事情是你如同孩提時代，你最想要做的事？
(2) 什麼事情是如果你現在不去做，你會永遠後悔的？
(3) 什麼事情是因對話、書本、電影啟發，感到興奮？

圖1-1　目標的設定和SMART原則

1. 目標要清楚明確（Specific, S）

目標首先要清楚明確，需要清晰而不模糊。例如，我的目標是當上主任或組長，或是我要考上律師；而不是我要成功、我要賺大錢、我要衣錦榮歸等。

2. 目標要數量化（Measurable, M）

目標要能夠數量化，必須要有明確的數字。例如，我的目標是存到職涯第一桶金（100萬元），或如我要達成年薪百萬；而不是我要擁有美好的職涯。

3. 目標要可以達成（Attainable, A）

目標要能夠達成，需要具有可行性。目標不能太過於簡單而不具挑戰性，也不能太困難而根本無法達成。例如，我的目標是要考上高普考，或

是我要結婚成家生子；而不是我要登陸火星。

4. 目標要有相關性（Relevant, R）

目標的設定需要和現況相關，也就是目標要實際並且合乎現實狀況。目標要避免過於天馬行空，這樣才能夠產生實現目標的動力。例如，我的目標是要月薪達到50K以上，或是我要考到三張財經證照；而不是我要選上總統。

5. 目標要有完成時間（Time-based, T）

目標需要有截止日期，設定完成期限。例如，我的目標是要30歲以前結婚成家，或是我要五年後能在新加坡工作；而不是我要環遊世界、我要移民美國。

至於什麼是目標，什麼不是目標，更需要加以分清楚。以下接著說明，夢想和願望都不是目標。

基本上，夢想或願望是你的想望，它並不是目標。例如，我在當兵快要退伍的時候，由於突然生病，住院一個多月，以致於延後一個多月才退伍。我被迫放棄台電公司、中鋼公司的面試和考高普考，只能夠來到中華經濟研究院上班，擔任短期計畫的臨時研究助理。隨後我應徵了幾家五專或高職的專任教師工作，但是都沒有被錄取。漸漸的，我的教師夢的夢想和願望，就逐漸變得很模糊了。

當然，上述的願望並不是目標，理由是夢想或願望都會太過於模糊不清；至於目標則是已經有十分明確的數字水平，進而可以判斷是不是已經做成。例如，某人期望成為一位律師，這並不是目標，他還需要加上兩年內的時間期限，將它轉換成為目標。例如，後來回想起來，我的心願是成為一位老師，其實這只是我的「願望」，它並不是「目標」。我還需要加上一件事情，將它轉變成為真正的「目標」。例如，我需要在中華經濟研究院工作時，加上在最近一年內投考，或是最慢兩年內考上管理學博士班，並且努力攻讀學業，在四、五年內取得管理博士學位等。

基於「**目標是一個有特定底線的夢想**」，因此，夢想或願望都需要限縮範圍，到某一個更明確的區域，再加上一個明確的時間點，才能夠成為一項目標。例如，某甲夢想未來有一天要當上某企業的執行長（chief executive officer, CEO），但是擔任CEO的範圍實在太大，它是一整個管理階層。需要縮小範圍，成為某一個行業（如食衣住行育樂）、某一個地區（如北部或中部或南部）、某一個部門（如業務或財務或人資或生產單位），以及某個管理階層（如經理、副理、協理、襄理、主任等）。這樣才能夠使某甲的心力，有一個可以著力的切入點。

　　例如，我夢想未來有一天要去教書，當一個老師。但是教書的範圍很大，它是一整個教育體系。故我需要縮小範圍，成為一個層級，也就是一個層級（如大學或技術學院或高中職學校）、一個領域（如管理學或行銷學或財務金融），甚至是一個城市（如台北市或台中市），並且加入完成的時間（如兩年或三年或五年）。這是因為夢想的內容只有在足夠清晰時，才能夠引導我自己的內心，朝向這一個特定的目標來移動，於是夢想才有機會變成真實。

> 目標是一個有特定底線的夢想。

　　根據「願景、使命和目標」的原則，來發展你的生命故事。這是一項很謹慎的策略管理思維，這多半會發展成為一個**「典型的」**（**typical**）**階梯式**（**stepwise**）職涯路徑（career path）。這樣的職涯多半是穩定成長，而且成果可以期待。在這種的前提下，如果你能夠將所訂定的目標，透過100%的努力，把它做到最好。也就是「言出必行」：認定若是沒有辦法把事情做好，那就不要說出來，也用不著做。這時你就是真誠的做好每一件事情、完成每一件任務，達成所定的目標。再說一次，因為你立志行事，都是上帝在你的心裡面運行，為要成就上帝對你的美好心意。而在這個時刻，你只有一件事，就是忘記背後，努力面前，向著標竿直跑，這便成為制定目標的美麗註腳。

　　至於時下崇尚自由的年輕人，也可能會選擇「船到橋頭自然直」的思路。不去事先設定願景、使命和目標，而是全憑著一時的直覺和衝勁，來面對自己的未來。在這種情況下，可能就會有很多即興的舉動，進而發展

成為「非典型的」（non-typical）跳耀式（jumping）職涯路徑。這樣的職涯有可能是大起大落，而很難事先預期。當然有可能突然一飛衝天、輝煌騰達；當然也有可能就此完全崩跌，無力再振作起來。

例如，回首自殺後獲救後這36年來，我的職涯管理，大致可以分成四個階段的目標導向時期。包括職涯學習時期、十年升任國立大學教授時期、一年寫一本書時期、升等特聘教授時期。詳細內容請參見附錄一：陳澤義職涯事件簿。

四、找到你的目標

若是你實在找不到職涯目標，這個時候建議你去回答下列三個問題，「我是誰」、「我要成為誰」、「為什麼我會在這裡」，來拆解並發現你的職涯目標。說明如下：

> 回答下列三個問題：「我是誰」、「我要成為誰」、「為什麼我會在這裡」，來拆解並發現你的職涯目標。

1. 「我是誰」：透過回答這樣的一個問題，來釐清自己的身分，加強對自我的認識深度。這時試著進一步回答以下三個問題，相信你就會更加的認識「我是誰」，自己的職涯目標也就會逐漸的被凸顯出來。
   (1) 在學校或社團中，你最常扮演的角色、被分配到的任務是什麼？
   (2) 什麼事情是你的好朋友許多次告訴你，你最擅長這一件事？
   (3) 你做什麼樣的事情的時候，時間會好像停下來，凍結了一般？

例如，再次回想，我在學校的時候，我最常扮演的角色是學藝股長，收同學的作業，並且和老師聯絡對話。同學們都說我是「永遠的學藝股長」，我也很喜歡擔任這個角色。在擔任學藝股長時，我經常扮演一個小助教的角色，將老師公布的作業內容，重新講解清楚給同學們，必要時也會協助同學去完成他自己的作業。

在大學和研究所時期，同學們都說我的課堂筆記整理的很好。他們甚

至是送給我一個「筆記王子」的稱號。同學對筆記內容有疑問的時候，我也會去清楚解釋，並且告訴同學，老師在上課時，他所講過的內容大要。（照片1.1）

照片1.1　當年的我是筆記王子，現在是寫滿黑板板書的老師

在中華經濟研究院時期，老師和助理同事們都說我的計畫報告寫得很快，有助理私下叫我「中華第一快手」的外號，我也洋洋自得。

我也特別喜歡出考試卷題目和做測驗題習作，而在做這些事情的時候，我經常會渾然忘我，時間好像停駐下來一樣。以上的種種記號，都清楚告訴我，預備我成為一位教師，乃至於一位研究工作者。

2. 「我要成為誰」：透過回答這樣的一個問題，界定自己的使命，進一步去釐清對自己的生命召喚和職涯價值。而試著進一步回答以下三個問題，相信你會更加認識「你要成為誰」，你的生命召喚和職涯價值也就會逐漸被凸顯出來。

(1) 有什麼事情是你如同孩提時代一般，你最想要做的事（What do you want）？

(2) 什麼事情是如果你現在不去做它時，你會永遠後悔的事情？

(3) 什麼事情是你最近一次因為對話、書本、電影等的啟發，感到興奮莫名的？

　　例如，我就回想在小學三年級的時候，我想要成為一位老師。而退伍後我的第一份工作，是中華經濟研究院的計畫研究助理。如果我這時不下定決心，去做投考博士班的這一件事情，我就會後悔的。這個想法就開始堅定了我想要去攻讀博士班的決心。

3. 「為什麼我會在這裡」：透過回答這樣的一個問題，尋回初心，找著回家的方向。這時候你需要去問自己，「我為什麼會在這樣一個地方落腳呢」？藉此激發自我改變的動力。

(1) 我是不是貪圖眼前的短暫利益或情慾呢？

(2) 我是不是被一時的困難或恐懼害怕所驚嚇呢？

(3) 我是不是有什麼特別的原因呢？

　　例如，我在中華經濟研究院工作兩年後，也就是自殺獲救後的隔一年（29歲）時。我面對前途問題，需要去做選擇時。那時候我做過羅氏和白氏職業性向測驗，都告訴我十分適合從事研究的工作。在學術研究領域上，這就需要我去投考博士班，預備自己更上一層樓。

　　就在這時候，我碩士班（東吳大學經濟系研究所）的第一名學長，被政大經濟研究所博士班退學。這件事大大打擊了我的自信心。我心裡想：「就連第一名的學長都被退學了，那這不是第一名的我，我該怎麼辦，我該何去何從呢」？

　　然而，我的直屬主管許志義主任卻不這麼想，他甚至在報名的前一天，親自為我預備好國立（陽明）交通大學博士班的報名表，並事先預備好教授推薦函。他特別鼓勵我投考國立交通大學管理學博士班，這個溫暖

的動作，大大的鼓勵了我。

　　幾乎是在同一天，教會的萬小運牧師也告訴我，上帝有指引他，要我去投考博士班。萬牧師說：「要我專心倚靠耶和華上帝，放下自己的小聰明，在我一切所行的事上，都要認定上帝，相信上帝祂必指引我的道路」。這就使我下定決心，勇敢的去投考交通大學管理學博士班，並且堅持到底。後來就順利考上交大博士班，感謝上帝的賜福。（照片1.2）

照片1.2　　在29歲時考上國立（陽明）交通大學管理學博士班

　　從上述願景、使命到目標的設定過程，我是跌跌撞撞的朝向教學和研究的路徑，緩慢前進，中間或有高低起伏，陰晴不定。但是請你切記：「莫忘初衷」，去問自己：「真正重要的是什麼？」因為願景就像是一顆北極星，它會遙遠的指引著你的前進方向；使命會讓你更堅定的朝向某一個方向前進；目標可以正確的，加快你前進的速度。不管那時你做得好或是不好，相信上帝祂正在用祂的笑臉來幫助你，祂的心意原本是好的。你的職涯目的就是在回應上帝在創世紀中，對人類的賜福：「你要生養眾多，遍滿地面，治理這地；你也要管理海裡的魚、空中的鳥，和地上各樣行動的活物」。請你堅定的向前走吧！加油！

　　例如，當我29歲考上國立交通大學（現在是陽明交大）管理學博士班後，需要向中華經濟研究院申請留職留薪。我連續三次上簽呈，卻三次都被所長退回。理由是：這裡是「經濟」研究院，不是「管理」研究院，因此不贊成你去攻讀「管理」博士班。所長的意思是要我不要再上簽了。最後我還是再上簽呈，第四次所長就直接批示：「不准」，並且上呈公文到副院長和院長。恰逢副院長出國，因此簽呈公文就直接送到院長的手上。記得那時候的院長是知名經濟學家，蔣碩傑先生。院長他大可以直接批示「如擬」就結案，誰知他竟然破例要召見我。

　　記得在要進入院長室之前，我走在樓梯間。竟然巧遇到中經院的羅姓同事，她是公司的團契小組長（羅梅玉姊妹），這是上帝出手幫助我的記號。她告訴我：「澤義，你落在百般的試煉中，但是你都要以為大喜樂，因為上帝必定要幫助你」。然後，我就直接進入院長的辦公室。隔著大辦公桌和院長簡單對話之後，院長經過長考兩分鐘。記得那個時候整個房間的空氣，都是安靜無聲的。院長慢慢的抬起頭來，他笑著對我說：「我要嘛就都不給你，要嘛就給你最好的。」後來他接著說：「因為你們單位（能源組）素來績效表現優異，加上你的主管許主任的表現又十分傑出，有目共睹。因此，我相信他推薦的人選。」隨後，蔣院長就批示簽呈：「同意前往攻讀博士班」，並且將當中的「留職半薪」，改為「留職全薪」，外加送我博士後的全額補助，出國研習一年。哇，我感謝上帝對我的莫大恩惠，送給我一份大禮物。「上帝是應當稱頌的，祂沒有推卻我的禱告，也沒有將祂的慈愛離開我」。在回家的路上，這首詩歌在我的耳邊響起，告訴我上帝的大慈愛。（照片1.3）

　　再仔細想，在管理學理中，蔣院長的這一項決定，就是波士頓顧問群（BCG）矩陣中，對於位列「超級明星」者，執行「增資策略」的做法。於是我就將這一個決策法則，納入在日後我工作職涯時，所需要運用的管理決策法則當中。

照片1.3　考上博士班後，中華經濟研究院蔣碩傑院長給我留職留薪

第二章　環境事件大考驗

職涯寫真

現實的環境總是血淋淋的、殘酷的。在28歲時，我經歷了幾個悲慘事件，而走向自殺的道路。但是，上帝卻存留我的生命，祂應該是要我留下本書第二章：「環境事件的考驗」。這是職涯管理的必修課程。

面對你周圍的環境事件，你是做了錯誤的解讀，還是真正能夠正確的「解毒」，這關係到環境事件的大考驗。要知道，問題並不可怕，可怕的是對問題的反應，會把你帶向誤入歧途，甚至是萬劫不復。

2.1 解讀還是「解毒」

在你周圍的環境，每一天都會發生許多的事情，這些事情或事件，就構成你面對的所謂「客觀環境」。而你怎樣看待、解釋這些客觀環境。也就是事件的本身，乃至於這些事件對你個人的意義，這就是所謂的「**主觀解讀**」。在環境中，通常事件的本身和你我的解讀，是不一定相同的。這是因爲你針對周圍所發生的「客觀事件」，會去進行「主觀解讀」的緣故。

事實上，你是不是能夠經常保有快樂，是不是能夠有勇氣去面對明天。這都在於你能不能使用合理和客觀的視角，去看待你的四周環境中，所發生的各式各樣事件。「當你看見一處公園的時候，你可以選擇去看燦爛的花朵，也可以選擇看著路邊的雜草。」這是你自己可以自由去選擇的！

當然，若是你能夠從客觀環境的個別事件中，做出正確、合適的主觀解讀。自然就能夠就事論事，具體的解決問題，而不會掉入負面情緒的

泥淖；同時也不會前後牽連，墜入負面事件連環爆炸的情緒迷霧當中，以致於你分不清楚彼此，而做出衝動的決定；更不會「**以偏概全**」的傷及無辜，或是「**以全概偏**」的流於武斷。這時，你的生活品質必定會明顯的提升，進而預見到明天的希望。

當你只是專注在灰暗、不順心事件的時候，你的心情自然不會開朗；但是，當你專注在光明、美好的事物的時候，你的內心自然是撥雲見日、雲淡風輕。你不妨讓自己的想法開闊些，除了看見事件的需要改進的地方，同時也要去看見事件中美好豐碩的那一面。

例如，在民國76年，我28歲那一年，在我的客觀環境中，就發生一連串的事情。

(1) 在感情上。三月時，跟我交往五年的女朋友，突然跟我表示她要跟我分手。經過側面了解，她公司裡有一位其他單位的同事正在追求她，並且十分積極。沒有多久以後，她就結婚嫁人了，這留下失戀怨懟的我。

(2) 在工作上。五月間，我找到一份其他公司的工作，想要換工作卻被主任勸阻。主任說某公司的「人力發展」的工作，事實上並不適合我，我的個性比較適合做研究的工作。這使我覺得在中華經濟研究院，擔任約聘臨時助理的工作，已經快滿兩年，工作沒有保障。我覺得前途茫茫，心中充滿了無助。

(3) 在家庭上。六月間，我的哥哥和爸爸為了金錢的事情大吵一架，甚至是大打出手，哥哥憤而負氣離家出走。這留下驚恐萬分、心中充滿害怕的我。

(4) 在前程上。八月份，我投考公費留學歐洲，攻讀博士班的能源分析人員，結果未獲錄取。後來經過複查後，知道我的成績是第一名。但是，由於政府政策上的其他原因，該學門從缺，無人被錄取。這使得我留學攻讀博士的美夢破碎，只能夠空留遺恨。

(5) 在身體和金錢上。九月時，我走在路上被摩托車撞，受傷臥床數日。整個人驚慌失措加上失魂落魄，在醫院中渾渾噩噩地度日。下個月間，我又糊裡糊塗的被陌生人詐騙10萬元，那時的10萬元相當於四個

月的薪水，金錢的損失使得我更加的懷疑人生。

　　經過女友離去、工作前途茫茫又無法更換工作、家中紛擾哥哥離家出走、公費留學未獲錄取、車禍受傷和被詐騙錢財等幾樁不好的事件。這使我覺得自己是一個失敗的人，我非常沒有用，於是在當年12月間，就有輕生自殺的事件發生。而自殺獲救後來到東海大學信了上帝。（照片2.1）

照片2.1　在28歲時壞事連發，自殺獲救後來到東海大學信了上帝

　　這是因為在事情發展不順利的時候，我的主觀解讀是這麼的：「我不行了，我是失敗者」、「我愈弄愈糟，我實在是個大笨蛋、真是爛死了」、「我把事情搞砸了，我真的很沒有用」。就是這樣的主觀解讀，我已經把自己帶進負面情緒的漩渦當中而不自知。例如，在我28歲那一年：

(1) 在感情上：我失戀，被女朋友三振後，整個人受到嚴重打擊，整天胡思亂想、垂頭喪氣、鬱鬱寡歡。我經常怪罪自己，說自己「沒有用」、自己「沒能力」、自己「不是男人」。我被這些「內在誓言」（inner voice）所綁架。也就產生低自尊，這更為我日後的自殺準備了豐富的炸藥。

(2) 在工作上：我沒有辦法換工作，整個人失去鬥志，整天無精打采。我經常罵自己「這一生沒有搞頭」，自己「沒有什麼用」，日子就這樣沒有盼望的過。我的心中充滿著無助。

(3) 在家庭上：哥哥和爸爸發生衝突後離家。我覺得是不是「自己不乖」、「自己不聽話」，才讓爸爸和媽媽吵架，連帶哥哥也捲進來，這一切都是我的錯。

(4) 在前程上：公費（歐洲）留學考試落榜，我覺得是我「自己不夠好」、「自己不夠努力」才沒有被錄取。這一切都是我的錯，是我努力不夠、是我資質不夠，才會空留遺恨，美夢變成惡夢。

(5) 在身體和金錢上：發生車禍和被人詐騙，也使我覺得我「活著沒有什麼意義」、「我是一個爛人」，我甚至懷疑我自己「我根本不應該活著」。

　　真的要感謝上帝，我自殺並沒有成功。上帝留住我的生命，就是要我傳達下面的信息。這是因為透過聖經、教會牧師和的弟兄姊妹的幫助，讓我了解到的事：「我們人的本身就是有價值的，我們人的價值是**『human-being』**（所是），而不是**『human-doing』**（所做）。」我活著成為人，就有人的價值，而不是因為我所做的事情，我才有價值。也就是說，我事情做得成功與否，並不會損失我的價值。當事情發展的結果不如預期，沒有成功，甚至是失敗的時候，都不會減少或貶低我這個人的價值。

> 我活著成為人，就有人的價值；而不是因為我所做的事情，我才有價值。

2.2 事件的正確解讀

　　在這個時候，我需要先有這樣的認知，好對事件做出正確的解讀。

一、各人對特定事件的解讀並不相同

因為每一個人的生長環境、生活體驗都不相同，加上上帝所創造的每一個人都是獨一無二的。因此每一個人對於某一個特定事件的歸因、看法和結果認知，以及最後的解讀，自然也都是不相同的。這時你需要分清什麼是**「客觀事實」**，而什麼又是各人的**「主觀解讀」**。

例如，我在28歲失戀被女友劈腿、甩掉的事件。我因為我的生長環境和生活經驗認定：由於我的家庭中，爸爸無業並且欠債，家庭經濟情況並不好。因此女友不能接受我，她打退堂鼓把我甩掉。同時我也解讀成：我那一年斗數命宮，星情是落陷化忌，加上遭逢煞星，所以我有這樣一種衰事。那一年我需要念經吃素來消災解厄，也不適合繼續這樣的感情，於是我就放棄了。

二、不要以偏概全或是以全概偏

1. **「以偏概全」**是將某一個特定事件的結果，將它渲染擴大，將這一個事件概括到某一個全體當中，這就稱做**「月暈效果」**（halo effect）。

   例如，我在28歲失戀被女友劈腿、甩掉的事件。我就「以偏概全」的認定：全世界的女人都是禍水、愛慕虛榮、冷血無情的。因為這樣的認定，我便是已經犯了以偏概全的錯誤解讀，中了月暈效果的招。

   更進一步，我又想到：我在被女友拋棄失戀時，沒有人主動關心我。我更解讀成：這個世界冷漠無情，我澤義也做人失敗，這又是另外一個「以偏概全」的解讀。那麼，我要怎樣看待「在這個特定事件發生在我身上時，在這一段期間內卻沒有人主動關心我」，這樣的事情呢？這時候，失戀是客觀事實，沒人關心也是實情。但是，若是就這樣斷定，這個世界冷漠無情，或是我做人失敗，這絕對都是擴大渲染的主觀解讀，它絕對不是真實的。

2. **「以全概偏」**則是因著對於某一個人的固有印象，從而認定這個人會以全概偏的來處理某一件事。這就是死板僵化，就稱做**「刻版印象」**（stereotype）。

   例如，在前面的例子中，若是我早就認定都市人很冷漠，都是老死不

相往來。加上中華經濟研究院位於台北市區內，因此我認定中經院同事自然不會有人來主動關心我。同時，女友也是住在台北市，自然也是冷漠無情、愛慕虛榮的人。這樣我就已經落入「以全概偏」的主觀解讀中。

於是，關於在我28歲那一年所發生的種種事件。事實上，我應該這樣的重新去做解讀：

1. 首先，在感情上，女友另有追求者（同事），甚至是另有新的歸宿。那是她個人的事情，這是她個人的選擇。並不是我這個人好，或是我這個人不好。這是她的價值，和她所做的選擇，和我的個人價值無關。事實上，女友當時必須要做出選擇。而女友選擇了她的同事，而沒有選擇已經交往五年多的我。說實在的，這也是個合乎理性的決定。因為在那時候，我還是一個臨時研究人員，工作上並不穩定，不能夠給女朋友足夠的安全感，換做是我，我也會做出同樣的選擇。後來，我在教會朋友的幫助下，勇敢的去面對這一件事。我先認定這一段失戀事件，事實上和我這個人的價值並沒有任何的關聯。也就是：「並不是澤義這個人不好，澤義這個人沒有用，而只是澤義和她之間並不合適而已，就只有這樣」。同時，我也學習到，正面的去哀悼、去接受，這一段已經消失的戀情，並且認定它已經完全沒有辦法挽回。同時也向這一份感情道別、說再見。

2. 二者，在工作上，中經院的約聘助理工作，沒有安定感。雖然後來我也有機會，獲得正式的職缺。這完全是公司的人事安排，很明顯的和我的個人價值沒有關聯。我不可以把這兩件事情搞在一塊。那時候，許主任勸阻我換工作，那時我的主任可以選擇勸阻，也可以選擇不勸阻；我也可以選擇聽，也可以選擇不聽。這基本上是我個人決策上的問題，而不是我這個人好，或是不好的問題。也就是這一個事件和我的個人價值，完全沒有任何關係。

3. 三者，在家庭上，哥哥和父親之間的衝撞，這完全是他們父子，兩個人之間的事情。也不是我這個人乖，或是我這個人不乖；我這個人好，或是我這個人不好，所能夠去左右和改變的。因此，這也不是我

的個人價值好不好的問題。

4. 四者，在前程上，公費留學結果公布從缺，我落榜而沒有獲得錄取。這更是政府相關部門間，在經費調度運用上的決定。這當中可能的原因是，能源分析學門和其他學門間，經過互相比較和權衡之後，能源學門的經費被替代掉、犧牲掉了。這通常是在開會後，主管單位的決定。這更和我這個人好或是不好，和我的個人價值的高低認定，沒有任何的關聯。

5. 最後，在身體和金錢上，車禍是我這個人走路的時候，恍神漫不經心，或是開車的司機心有旁鶩，沒有專心所造成的；被詐騙金錢則是我這個人涉世未深，太容易被壞人欺騙，這些也和我這個人是好或是不好，是乖或是不乖，完全沒有任何的關聯。

當然，這些問題事件的背後，也應該是跟這一件事情有關，也就是：

我在讀國立政治大學時，大一就參加中醫社，學會排八字和紫微斗數，後來參加內丹功社，學會通靈算命，算命共十年之久。我後來算命算到走火入魔、心神不寧，必須藉助安眠藥一顆半才能入睡，體重也同時暴瘦。在民國76年12月16日，在接連經歷許多不好的事件後，我到彰化田尾的縱貫公路，衝動自殺。

但是，後來的發展卻是一項奇蹟：

我自殺未成，這是上帝的保守。當晚我到東海大學附近的旅館，在旅館裡我聽著同事朋友送給我的錄音卡帶。我聽到聖誕節的由來，就是耶穌降生的福音，我就邀請耶穌進到我的生命中。那一天晚上，我竟然第一次感受到平安，當晚不用吃安眠藥竟平安入睡。在民國77年2月28日，我參加教會聚會，在牧師和三十多位弟兄姐妹的一起祈禱下，趕出我身上通靈的惡靈，我的失眠症狀奇蹟似的痊癒。感謝上帝，上帝使我重新獲得自由。

2.3 事件不等於價值

因此，在重新弄清楚事件背後的問題之後，一切就便是豁然開朗，掩

蓋的事情就都顯露出來了，也就是「事件發展的結果，並不會等於我的個人價值」。在這個時候，我便因此得到以下「環境事件解讀」的五條金科玉律，說明如下（參見圖2-1）：

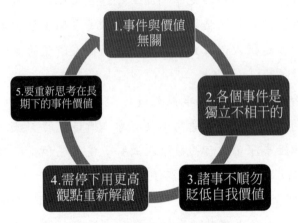

圖2-1　事件和價值的五項意涵

> 事件發展的結果，並不會等於我的個人價值。

一、第一，外在事件與個人價值無關

就是：「一個事件或事情發展的成功與否，和當事人的個人價值是完全沒有任何關聯的」。這絕對是一件事實，甚至是一項真理。因為一件事情的發展是順境或逆風，或許跟這一個人的能力高低，有些許的關聯；但是這卻和這一個人的生命價值，絕對不相關。這就有好像，將兩件風馬牛不相及的事情，硬要湊在一起一樣的不合情理。同時，一件事情的發展，通常會牽涉到許多人的決定。而這些人的決定方向，是跟他個人的人生經驗和做事風格有關。而我又是個獨立的個體，我跟這些人並沒有重大交集，沒有絕對的關聯。因此，我的個人價值跟這些人的決策結果，基本上並沒有任何的關聯。也就是：我就是我，我沒有必要為其他人的決定而活。我不需要被別人行為的道德綁架，或受其他人話語的情緒勒索。這是一個人成長的重要關鍵。再說一遍，我們是人，是**Human "being"**，

而不是「**Human "doing"**」。

二、第二，各個事件之間是不相干而且互相獨立的

　　這個時候你要知道，上帝所允許發生的每一件事情，都是互相獨立的。因為每一個個別事件的本身，都是許多相關的他人，各自做出決定之後的產物，它們在彼此之間，是互不相關的。在這個時候，你要怎樣看待每一個個別事件，而不要被相互牽連，揪結在一起。不會將某一件事情和另外一件事情，相互串聯在一起，這是一個十分重要的生命智慧。在這個時候，你需要去分清楚：什麼是客觀的事實，而又什麼是你個人主觀的解讀。這一點非常重要。例如，我那個時候就是把女友離去、工作前途茫茫又無法更換工作、家中紛擾哥哥離家出走、公費留學未獲錄取、車禍受傷和被詐騙錢財等不好的事件，全部攪在一起，才會有後來要去自殺的事情發生。

三、第三，諸事不順時不要貶低自我價值

　　當然，你在遭遇一連串不如意的事情時，身為當事人的你，自然是心中會很難過。這時刻，需要照顧的是你自己內心的這一份難過、受挫的心情感受。這個時候，你只要單純的停留在「此時此處」（now and here）就已經足夠。請你千萬不要去論斷、去否定你自己的個人價值。因為「人生不如意者，十常有八九」，事情通常不一定會朝著你想要的方向來發展。況且，事件的發展方向，經常並非能夠由你來掌控。因為外在社會的運作系統，實在是太龐大、太複雜也太過於混亂，並不存在有絕對肯定的運作模式，可以供你來依循。例如，工作能否平安順遂、主管是否賞識提拔、配偶是否感情專一等，這些通常並不是能夠由一個人單方面所能夠定奪。你也只能夠盡人事而聽天命，並且為對方祈禱，將這件事情交給上帝掌管。所謂的「謀事在人，成事在天」，就是這個道理。例如：我28歲的那個時候，真是諸事不順；但是我卻不可以說，「我完蛋了，我沒有用」，去貶低自己的價值。

四、第四，用更長期的眼光看待這些事件

　　你真的需要安靜的想一想，在你現在發生的這一個特定事件，在10年

後、10個月後、10天後，它的影響程度。來畫清這一個事件，對你人生或職涯目標的重要性程度。因爲在長時間的歷史長河之下，自然會逐漸沖淡這一個特定事件對你的影響程度。你需要依循「10、10、10」的原則，來正確的解讀面對某一些特定事件，適當的界定出事情的眞正價值，這實在是人生的重要智慧。例如，28歲時，我的女朋友移情別戀，當時我是覺得非常痛苦，甚至是痛不欲生，但是若是我能夠轉念，面對這一個劈腿事件，好好想一想在10個月後，甚至是10年之後，它的影響程度。可能只是雲淡風輕，一點都無足輕重。這樣，我就能夠重獲新生。後來果然峰迴路轉，我在30歲結婚並在溪頭度蜜月。（照片2.2）

照片2.2　峰迴路轉，我在30歲結婚並在溪頭度蜜月（結婚30週年後再度回溪頭）

五、第五，你需要停下來重新解讀

　　事實上，你必須要知道，每一件發生在你身上的所謂「不好的事件」，都可以重新被解讀成爲「美好的事情」，這絕對是一段探索尋找寶貝的過程。我要鼓勵你在上帝的愛中，練習、尋找並發現每一件事件背後的「寶貝」。然後將它凝固、放大，並貼進在你的相機鏡頭當中。因爲任

何的事情都有它正面和反面兩個層面，這就好像是你看見有一杯水被別人打翻，剩下半杯水，這通常並不是一件好事，這個時候，你當然可以有權利說：「真糟糕！只有剩下半杯水」，然後擺著一副苦瓜臉；相反地，你也可以轉念說，「感恩喔！還有半杯水」，然後換成一幅大笑臉，而這些當然是你可以自己作主來決定的。這其中的理由就是，沒有任何人能夠使你快樂，而「你若下定決心要有多少分的快樂，你就能夠擁有多少分的快樂」，林肯先生如是說。

並且，你的個人主觀解讀，經常會產生後續的連帶行動，和伴隨而來的情緒渲染，這是有相當大的後果影響的。因此，你怎樣去解讀某一個事件，這便顯得十分的重要，這更是構成你擁抱未來希望的一個踏腳石。

最後，對於不好的事情，你是花三天接受、花三個月，花三年，或是花30年接受。這是每個人都不一樣的。但是，你什麼時候接受，你什麼時候能夠重新、正確的解讀，你什麼時候能夠跟自己和解，你就可以從這件不好的事情當中走出來，在這當中得到好處，找到新的解決和處理方案。這是我從我28歲的不好事件中，所學到的功課。我更深深相信，這一切都是上帝最好的安排。

第三章　找對工作建立個人品牌

職涯寫真	經歷過自殺事件，身心沉澱下來之後，上帝提醒我，要接納自我獨特的價值。更認定自己是研究人，適合從事研究、教學的工作，這呼應我小時候要當老師的願望。後來，我鼓起勇氣考上管理博士班。也開啟本書第三章的精髓：天生我材，必有所用，我要「找對工作建立個人品牌」。

在上帝的眼中，你是最棒的，所以叫你第一名，這就是「天生我才」的意義。同時，你更是獨特的，必有要你發光發熱的地方，這就是「必有所用」的意義。最後，做你愛做的事，根據你的興趣，走進你的職涯藍海，這就是「行行出狀元」的意義。

3.1 天生我才：叫你第一名

工作占去你一天的24小時當中，最最精華也最有活力的一段時間（例如：朝九晚六的上班時段）。在工作時，你的能力是不是能夠有效發揮，這會直接影響到你的工作績效高低，以及你每天快樂的程度，進而連帶影響到你的薪水高低和職涯格局。找對的工作實在是太重要了。在職涯的工作和生活各個層面，你都需要具備相當的能力，來執行工作事務，建立個人品牌，達成自己所設定的職涯目標。於是，你的能力在你的職涯管理上實在是非常重要，從而本書開闢專章來說明。

本章「找對工作」從這裡出發，目的是要使你能夠站對位置，有合適的工作選擇，發揮「天生我材必有所用」上帝所賜給你的天生價值。本章承接第二章的「環境力管理」，下接第四章的「發揮策略優勢」，重要性自然是不在話下。

能力（ability）是指：一個人完成某一項事務，達成目標的力量。更是指一個人為達成任務中的各種目標，所必須擁有的才幹。這是你面對環境挑戰、發揮個人優勢，運作策略優勢槓桿的重要基礎。這更是你認識自己，且認定個人優勢的重點工作，目的是建立起你的個人品牌。

一、天賦就是天生賦予

真是神奇啊！世界各國的全人類當中，沒有兩個人是長得完全相同的。事實上每一個人都擁有和別人不相同的指紋、和別人不相同的眼睛水晶體。因此，你可以經由指紋或眼睛水晶體的資料做為線索，來開鎖、開門或是刑事破案等。

上帝創造的每一個人，都是一個獨特的個人，都是上帝匠心獨具的精心傑作。這就好像是雪花片片飄揚在銀白世界中，但是每一片雪花它所出現的紋路，卻又是大大不相同的。更進一步說，你就是王國中的那一位王子。因為你就是你的父親的幾千萬顆精子當中，賽跑得到第一名的那一隻精子。是它最先鑽進到你母親的卵子中，進而受精，並且結合成為受精卵。所以你絕對是第一名的，讓我們「叫你第一名」。事實上，你就是這千萬隻精蟲中的冠軍，所做出來的最後傑作。所以你絕對、絕對、絕對是最最棒的。更準確的說，你就是一位王子，住在皇宮（你母親的子宮）中，經過懷胎十月所生產出來的作品，你是上帝天生賦予的精心傑作。

二、天賦能力就是天生我才

因此，上帝在你的身上，就已經置放好獨一的「天賦能力」，來驅動你完成屬於你的獨特成就，這就是屬於你自己的「天生我材」。換句話說，上帝在你的身上，已經植入一種獨一無二的「細胞」，是專為你所特別訂製的天賦能力。故你需要格外珍惜屬於你的天生我材，你要好好的來運用它。再仔細想一想，在你日常的生活中，不經意地會發現許多的事情，你一下子就上手，做起來毫不費力，換別人來做卻是事倍功半，而你來做卻是事半功倍，這就是特別適合你來從事的工作項目。

也因此，讓你照著上帝所放在你身上的獨特細胞，發揮你的優勢吧！這就是「優勢管理」。就像是：你若是一隻大象，那就好好舉重；是一隻

黑豹，那就好好奔跑；是一隻海豚，那就好好游泳；是一隻兔子，那就好好跳高吧。請好好發揮你的優勢，參加最適合你的比賽吧。

三、發揮比較利益原則

　　若是要發揮上帝所賜給你的天賦能力，就是要你去做相對於他人「比較」有特殊「利益」的工作，這就是「比較利益」（comparative advantage）法則。是由古典經濟學家李嘉圖（Ricardo）所提出，這是市場經濟交易的基本原理，同時更是管理的「利基原則」（niche principle），是你需要去從事一個，能夠使你獲利的基礎的工作。例如，舉重項目對於大象的比較利益（或利基），就明顯大於百米賽跑和跳遠項目。

> 我們每一個人都需要去做一個能夠使你獲利的基礎的工作。

　　例如，我在同儕團體中（同班同學或同事），國文程度在同儕團體的排名是名列前茅、英語程度的排名是中間部分、電腦技能的排名是後段班，那我的比較利益明顯就是在國文語文方面，我就適合從事需要國文語文能力精進的工作。例如，文字編輯、寫作或華語文教學等。也明顯比較不適合到國際企業工作，因為到國際企業工作，會相當多使用到英文和電腦。

　　相反地，若是我在同儕團體中的英文排名優於中文排名或電腦技能排名，那我很明顯就適合在外語環境較多的環境中工作。例如，到外商公司或國際企業色彩明顯的企業單位工作，甚至是出國留學，攻讀碩士、博士學位。因為我運用英語明顯較中文或電腦操作，較之其他同儕團體，具有明顯的「比較」利益。

　　好好發揮你的比較利益吧，就是你比起別人，相對有利益的項目。這就有如：台灣的氣候適合種植稻米，而美國則適合種植小麥。因此，台灣種植並出口稻米，比起小麥而言，便具有比較利益；相反地，美國種植並出口小麥，比起稻米而言，同樣具有比較利益。

理由是：你工作先要去做你「可以」、「能夠」做到的事情。這樣一來，你才不會因為經常失敗而挫折、退縮，這才能夠做到「天生我才必有所用」。

四、三種最基本的天賦能力

基本上，每一個人在天賦上都擁有三項基本的能力因子，就是心智、情感、身體。也就是說，每個人都擁有三種基本天賦能力：智力能力、情感能力、物理能力。也就是常見的智商（intelligence quotient, IQ）、情商（emotional quotient, EQ）、體商（physical quotient, PQ）。說明於後：

1. **智商（IQ）**：包括認知理解、辭彙應用、分析推理、抽象思考、心智推導等。高智商（智力能力）的人，適合從事企劃、研究、設計等高度腦力密集的工作，也就是適合從事「資料」導向的事務。

2. **情商（EQ）**：是指影響一個人在環境適應、勝任能力、潛能開發和壓力要求的情緒處理能力。包括：自我察覺（認知情緒感受）、自我管理（情緒反應與衝動控制的處理）、自我激勵（面對挫折失敗後維持正面思考的能力）、同理心（能體會瞭解他人情緒感覺）、社交能力（進退應對與待人接物的能力）五個部分。高情商（情感能力）的人，適合從事人力資源管理、行銷、諮商輔導等，高度人際關係密集的工作，也就是適合從事「人」導向的事務。

3. **體商（PQ）**：包括個人身體強度、伸展彈性、爆發力度、肢體協調、動態平衡等。高體商（物理能力）的人，適合從事生產作業管理、行政、總務等，高度肢體操作密集的工作，也就是適合從事「事」導向的事務。

五、天生我材的應用

例如，在剛到中華經濟研究院的時候，我曾經做過羅氏職業性向測驗，知道自己適合從事分析和研究相關的工作。後來透過赫蘭（Holland）的個性工作適配問卷，知道自己是資料導向的「研究人」，適合到企劃研究部門，從事文稿撰寫和數字分析的工作。加上我在助理群中，獲得「中華第一快手」的稱號。雖然還是臨時助理，我也甘之如飴，

知道擔任「研究」助理正是適合我的工作。緊接著，我努力之後，或要有更大的機會化成有實力，就需要更上一層樓，增加投資、攻讀博士班。這也興起我有想要繼續深造的動機，也起心動念投考公費（留歐）留學，乃至於後來投考交通大學管理學博士班的舉動。

再回想，我從小時候就很喜歡整理物品、編輯文書資料。喜歡將衣服摺疊整齊、將玩具整理歸位、將房間打掃乾淨、將書本排列整齊。學校念書的時候，我就將上課抄的筆記，整理的井井有條。回家後特意重新整理，使用紅、藍、黑三色的原子筆來抄寫，製作出一份完整的筆記，令人驚艷，因此大家叫我「筆記王子」。

在學校時，我陸續擔任班級刊、社團刊、校刊的專欄主編。我也是永遠的學藝股長，這成為我的正字標記。在學習英文時，因為很多英文字彙參考書的英文字彙排列，都是按照英文字母順序來排列，我覺得這樣不利我背誦英文單字。於是我刻意整理所閱讀的英文單字，重新整理出自己所要使用的英文單字記誦讀本。按照人、事、時、地、物來分類排列，使它們綱舉目張，規矩次序分明，這樣就更容易來背誦、記憶英文單字。

在從事研究工作時，我擔任研究助理。很快的就將研究討論主題中，所牽涉到的相關文獻和參考資料，快速分類妥當，再整理撰寫成文獻回顧、產業概況和計畫報告。這些使我頗受主管的欣賞，而有著「中華第一快手」的美譽。

後來，在大學教書時，我則是將教學教案妥善整理，教學PPT整理的井井有條，更縝密編輯成數本專業教科書，陸續經由出版社出版。筆者心想，我就是獨特的「資料導向」，是上帝所創造最特別的自己，我絕對是與眾不同的。這就是我，如假包換的我，我是上帝絕佳設計的「研究人」老鷹，志向是飛往上帝的高處。（照片3.1）

我的第一份工作是選擇到中華經濟研究院，擔任約聘研究助理工作，這份工作十分合適我資料導向的「研究人」特質。因為這一份工作經常需要撰寫研究計畫書、研究進度報告、研究結案報告初稿；也需要執行電腦程式作業，這更使我的資料整理和編輯工夫得到有效的發揮。後來因為工作表現優異獲得轉正，成為正式的研究人員，並且獲得繼續進修國內博士

照片3.1　資料導向的我，很快就完成兩本新書

班的機會。我在向上帝懇切禱告後，更獲得院長特准，得以留職留薪的身份進修深造。並且因此獲得管理博士學位，開啓我獨特的研究道路，這更是上帝所賜下的美好福份。在博士畢業後，因爲公司留職留薪的規定，必須繼續留在中華經濟研究院擔任研究工作，後來更順利在大學擔任教授，從事教學和研究工作。由於個性和工作十分適配，這使得我的教學、研究工作如魚得水、事半功倍。因此在上帝賜福下，順利、快速且如期的升等副研究員、正研究員和副教授、正教授，乃至於民國111年再次升等成爲「**特聘教授**」（**Distinguished Professor**）。（照片3.2）

照片3.2　我是研究人，專心研究並升等成特聘教授

3.2　必有所用：你是獨特的

　　本節要解開你的生命密碼，好使你自己的「天生我材」，能夠「必有所用」。也就是能夠在合適的工作場合裡，有效發揮你的才幹。而當你離開學校後，想要去丟履歷時，能夠一舉中的，開始了建立個人品牌的第一步。

　　基本上，無論是在哪一個單位或部門，都需要各種能力的人，分工合作，各司其職來完成任務。因此，各型組織才能夠有效率和效能的發揮功能。個人以為，這是上帝賜給每一個人，不同的能力和才幹的理由。

　　基於每一個人的能力和人格各異，故若是要「天生我材必有所用」，達成「人盡其才」的情形。這需要妥善搭配一個人的性格能力類型（代表供給方），以及工作事務內容（代表需求方）兩方面。這時候，每一個人的能力和人格，就是「天生我才」，將他擺放在對的工作項目中，就會「必有所用」。這就是將「對的事情」安排給「對的人」來執行，貫徹**「因事設人」**原則，達成**「綜效槓桿」**（synergy leverage），形成「一加一大於二」的美好槓桿收成。

> 每個人的能力和人格，就是「天生我才」，將他擺放在對的工作項目中，就會「必有所用」。

　　在這當中，**「人格」**或稱**個性**（**personality**）是指一個人因應外界的刺激、做出反應，以及和他人各種互動的形式。例如，個性內向安靜、外向活潑、積極進取、保守穩重、團結合作、溫和合群、看重細節、具備長期眼光、高度忠誠、容易敏感等。人格是一個人心理上認知的整體狀態，更是一個人決定怎樣調適環境變化的特定方式。這時你更需要知道：「我們每個人不要看自己過於所當看的，要照著上帝所分給每個人信心的大小，看的合乎中道」。也就是你要有一定的自信，去接受上帝放在你身上的特別細胞，所形成的特定人格。並認定這是最好的，然後不卑不亢的去

面對現實環境。

　　人格和工作的適配程度高低，明顯會決定工作的成效。這時，赫蘭（Holland）的人格與工作搭配的適配理論就十分有用。你需要清楚的認識你自己，並且選擇適合自己人格的工作項目。你便能夠事半功倍，走在正確的職涯道路上。

　　赫蘭提出**「個性和工作適配理論」**（personality-job fit theory），又名「P-J適配」（personality-job fit）。就是臚列出個性的三種層面和六種人格特質，並且認定每一個人的人格類型，和組織工作事務的互相搭配情形，這明顯會影響一個人日後的工作效率和滿意度（參見圖3-1）。至於赫蘭的性向問卷請參閱**附錄二：職涯工作選擇問卷**。

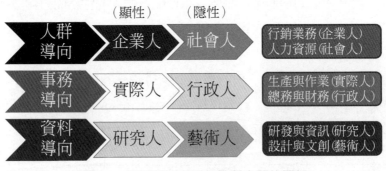

（顯性）　　（隱性）

人群導向	企業人	社會人	行銷業務(企業人)　人力資源(社會人)
事務導向	實際人	行政人	生產與作業(實際人)　總務與財務(行政人)
資料導向	研究人	藝術人	研發與資訊(研究人)　設計與文創(藝術人)

圖3-1　個性類型和工作性質之間的關係

　　個性的三種層面分別為**人群導向（people-orientation）**、**事務導向（thing-orientation）**、**資料導向（data-orientation）**，這和美國勞工部，職業工作的大分類互相一致。至於三種層面、六種人格特質包括：

一、「人群導向」

　　人群導向指個性能力上善於「人群互動與關係建立」的行為，人群導向包括企業人和社會人二類：

1. **企業人（enterprising man）**：是人際導向的顯性因子。企業人具備強烈的進取心，展現高度自信的人格特質，具有雄心壯志且精力十足，並具有強烈的占有欲和支配欲。企業人偏愛使用「說服」技巧，來影響他人、取得名位及權力。企業人適合從事產品銷售、商業業務、公

關顧問、房產仲介、律師檢查官、中小型企業主管的工作。

2. **社會人（social man）**：是人際導向的隱性因子。社會人個性溫和合群，精於社交技巧、善於建立人際關係。社會人喜愛幫助人、協助人和開發他人潛能。社會人適合從事人力資源管理、組織發展、教育訓練、課室教學、社會工作、諮商輔導、臨床心理、心靈啟發、慈善公益等工作。

二、「事務導向」

事務導向指個性能力上善於「流程互動與事物操作」的行為，人群導向包括實際人和行政人二類：

1. **實際人（realistic man）**：是事物導向的顯性因子。實際人善於肢體伸展、肢體協調、消耗體能、技術導向和機具操作的活動。實際人個性穩重、實在、順從、純真、務實、較內向害羞。實際人適合從事電腦操作、機械操作、生產製造、機具維修、土木工程、工安保全、環境安全、駕駛飛機車船、教練運動、農林漁牧礦等工作。

2. **行政人（conventional man）**：是事物導向的隱性因子。行政人善於分門別類、次序管理，個性上嚴謹守成、恪守法令規章、依法行政、服從制度。行政人偏愛有秩序、有條理、清楚規範的作業活動，比較缺乏想像力與適應性，甚至龜毛和挑惕。行政人適合從事一般行政、作業管理、檔案管理、會計出納、品管審計、法務檢查、稽核管考等工作。

三、「資料導向」

資料導向指個性能力上善於「文字、數字和符號互動」的行為，人群導向包括研究人和藝術人二種：

1. **研究人（investigative man）**：是資料導向的顯性因子。研究人個性上富有好奇心、分析力、創新力。研究人偏愛理性思考、解決問題、策略規劃的腦力心智活動。研究人適合從事學術研究、經濟分析、行銷企劃、財務分析、資料分析、資訊管理、田野調查、策略策劃、研究企劃等工作。

2. **藝術人（artistic man）**：是資料導向的隱性因子。藝術人個性上喜歡表現自我，創作表達、充滿想像力、偏愛激發創意點子和思維想像、不喜愛規章制度的受限、不愛條理規律的事務。藝術人具理想化與情緒化性格、不重視實際。藝術人適合從事廣告設計、產品設計、建築設計、舞台展場設計、室內裝潢設計、景觀設計、繪畫雕塑、音樂創作、樂曲演唱、文學撰述等工作。

至於怎樣判斷自己是屬於哪一種性格，基本上，你可以做做本書最後面的人格問卷附錄。然而，有一種比較簡單的「排除法」，可以看出你是屬於哪一種導向的人格（人群導向、事務導向、資料導向）。

例如，就我個人而言：

首先，我不是「人群導向」的人。因為我的個性十分內向，從小到大老師對我的評語都是：「文靜內向，不善言辭」或是「剛毅木訥，內向寡言」。同時，我發現我很不容易記住同學的名字，也經常忘記同學的長相，搞不清楚親戚中誰是誰。因此，我幾乎可以斷定，我應該不是屬於「人群導向」的人，我並沒有「識人、察人」那方面的細胞。

二者，我也不是「事務導向」的人。因為我考汽車駕照，考到第四次才勉強過關。並且就算有駕照，也不太敢開車，也很怕和別人會車，更不用說要超車了。那時候是因為中華經濟研究院給我機會，和全額的經費補助，要我到美國加州史丹佛大學，做為期一年的博士後研究，並且妻子和兩名幼子會隨行，在加州，我必須要會開車，要有汽車駕駛執照，否則很難存活。同時，我不會騎腳踏車和摩托車，也不會游泳。醫生也告訴我，我的手和眼並不十分協調，這幾乎可以判定，我應該沒有「事務導向」方面的細胞。因為，騎腳踏車、騎摩托車、開汽車都需要手腳並用，手和腳的肢體協調是十分重要的基礎，這是做好「事務導向」，特別是成就其中「實際人」的重要基礎。

三者，我應該是屬於「資料導向」的人。因為我從小就很喜歡看書，喜歡待在書店或舊書攤的小角落看書，我上課的時候也很喜歡作筆記，同學們曾經給我一個「筆記王子」的封號，我也很喜歡整理圖書資料，很喜歡撰寫文稿。這些都在告訴我，我是一個「資料導向」的人。另外，我完

全不會畫畫、不會塗鴉，也沒有音樂細胞，高中的音樂課也幾乎不及格。這幾乎可以排除我並不是「藝術人」；最後就剩下當中的「研究人」。我發現，我很喜歡待在書堆裡，埋在文字和數字裡面，並且樂在其中，因此，我應該是屬於有文字和數字傾向的「研究人」。

最後，我做完赫蘭的個性和工作適配問卷，也證實我是一個「研究人」。然而，我必須要再說一遍的是：我們實在是有必要透過，生活中的點點滴滴和周遭事物，來發現自己是屬於哪一種的人格類型，而做人格問卷則是一種事後驗證的工作。事實上，發現你自己是哪一種人格類型，這實在是太重要了。因為這關係到你的日後工作部門和工作行業選擇。因此這需要你自己花一點時間，用心的自我查考和仔細印證，找出自己的人格和工作上的適配。

再如，就我和我的家人而言。我本身是研究人，喜歡和文字及數字打交道，是不折不扣的「宅男」。我經常在電腦桌前爬格子，一待就是4、5個小時。至於我的妻子則是「社會人」，她經常會用電話或Line和他人聯絡，處理各種的大大小小事務。並且和別人聊天，聊得非常開心。她特別擅長於口頭上鼓勵和讚美別人，透過溫馨喊話來鼓舞、激勵團隊的士氣，並且已經在工作上獲得印證，有著相當優良的成效。

又如，我的大兒子則是「實際人」，從小就十分好動，很喜歡玩樂高和肢體運動。大學時候則是國企系籃球隊的隊長，就連畢業後也繼續留在系籃球隊，成為元老球員。更是在大學畢業後，沒有多久就考上飛機師。現在工作上，經常需要長途飛行到歐洲。他因為擔任駕駛，合於「實際人」的特質，因此樂在其中。至於二兒子則是「企業人」，他從小就辯才無礙，並且很喜歡在買東西時候殺價，享受殺價成功的快樂，他同時喜歡廣交朋友，透過朋友關係來促成許多筆的買賣交易。現在則是中型國際企業的營業部中階主管，得以享受工作上的成就和快樂。（照片3.3）

值得一提的是，對應前面的身體才能（PQ）、智力才能（IQ）、情感才能（EQ）的基本能力，可以得知企業人和社會人的EQ通常較高，實際人與行政人的PQ一般較高，至於研究人與藝術人則握有較高的IQ水平，則無疑議。

照片3.3　我和妻子及兩個兒子、兩個媳婦的個性特質都不相同

　　最重要的是，每一個人需要先認清自己是一個怎樣的「人」（個性能力），然後再決定適合做怎樣的「事」（工作）。瞭解個性可以認識自我並瞭解他人，企業的人力資源經理更可以準確的任用合適的人才，並擺放在合適的工作項目上。

　　在這種情形下，更需要考量四個適配（fit），它們分別是：

1. **個性和工作部門適配（personality-job fit, P-J fit）**：是個人的個性能力需要和工作的部門單位相互配合，這是本章「界定能力性向」和「選擇合適的工作部門」的內容，並請參考附錄中的問卷一。

2. **個性和工作行業適配（personality-industry fit, P-I fit）**：是個人的興趣傾向需要和工作的行業相互配合，這是本章「選擇合適的工作行業」的內容，並請參考附錄中的問卷二。

3. **個性和工作公司適配（personality-organization fit, P-O fit）**：是個人的生活風格需要和工作的機構組織文化相互調合。基本上，一個人和公司文化適配，無關乎個人的個性能力特質，而在於個人的內在修養，這是公司文化層面的議題，是一個人怎樣和公司文化相互調適的問

題。

4. **個性和工作人員適配（personality-colleague fit, P-C fit）**：是個人和工作的同事相互配合，基本上，一個人和工作的同事相互配合，無關乎個人的個性能力特質，而在於個人的情緒商數（EQ）高低。必須指出的是，請不要因為自己和工作同事無法相處而突然離職，理由是這是個人溝通能力的問題。不論是轉換到何種工作，必然會由於個人的情緒商數因素，而遭遇到不易相處的同事，這時需要的是提升個人的溝通能力，而不是去更換工作單位。

因此，選擇合適工作十分重要，而不僅是選擇「錢多、事少、離家近」的工作。理由是根據管理學中，赫茲伯格（Herzberg）的**「兩因素動機理論」**（**Two Factor Motivation Theory**），一則若工作「事少」，會失去**激勵因素**（**Intrinsic Factor**），無法發揮你的熱情，也沒有工作成就感；二則雖然「錢多」，但只有**保健因素**（**Hygiene Factor**），僅是使你沒有不滿意，這並無法使你非常滿意，也無法持續快樂；三則因為工作（Work）是來自崇拜或是敬拜（Worship）的字根，故工作等於敬拜，因此，「敬業」絕對是工作的主旋律，如此便能找到你的工作定位，並且建立起屬於你自己的個人品牌。

3.3 行行出狀元：你的職涯藍海

總而言之，上帝照著自己的形象創造人，是照著神的形象創造男性或女性。因此，你要完全接納你自己，發揮上帝給你的天賦能力，認定這是單屬於你的比較利益，再好好選擇適合你天賦能力的工作（包括部門和行業），發揮自己的利基優勢，並且在上帝的獨特計畫中，管理並開創屬於你自己的職涯發展。

你適合做哪一行的工作？

一、選擇合適的工作部門

以企業部門單位來劃分，三種個性導向分別適合不同部門的工作：

1. 「**人群導向**」的人適合從事和「人群互動與關係建立」密切相關的工作，其中企業人適合從事行銷業務或商務談判上的事務，至於社會人則適合人力資源管理或福利文化公益業務。

2. 「**事務導向**」的人適合從事和「流程互動與事物操作」密切相關的工作，其中實際人適合從事生產管理、品管保全或後勤維修上的事務，至於行政人則適合行政總務、財務管理或秘書行政業務。

3. 「**資料導向**」的人適合從事和「文字、數字和符號互動」密切相關的工作，其中研究人適合從事研究企劃、財務分析規劃或資訊管理上的事務，至於藝術人則適合產品設計、廣告設計或傳播視訊業務。

上述的個性與工作的適配，是導源於日本小島清教授（Kiyoshi Kojima）所提出的「**比較優勢**」（**comparative advantage**）理論。也就是我們是透過遵循**要素稟賦**（**factor endowment**）的運作機制，來建立稟賦優勢，來擁有最佳的機會，獲得職場競爭力。這是因為基層工作者主要是依靠專業能力晉升到中層管理者，而這時的專業能力培養，主要是需要個性和工作部門的配合，才能夠事半功倍的達成工作績效和如期升遷。

若以資訊科技業的工作為例，企業人可以擔任**產品經理**（**product manager, PM**）、**關係經理**（**relation manager, RM**），或是銷售工程師；社會人適合擔任客服人員、社會公益行銷人員，或是組織發展的文化規劃師；實際人較適合擔任硬體工程師、維修工程師；行政人可擔任各類行政人員、資料輸入人員，或是專案管理人員；研究人適合擔任程式撰寫人員、研究企劃專員，或是資訊管理人員；藝術人適合擔任創意式網頁設計員、產品設計員，或是廣告創意總監等。

二、選擇合適的工作行業

至於怎樣選擇合適的工作行業或產業別，這時就包括：食、衣、住、行、育、樂、資訊、農林漁牧相關的各個行業，說明如下：

1. **與「食」相關的行業**：包括食物的製作、加工、烹調、銷售等行為的

行業。這類行業的知名廠家相當多，例如，萬家香醬油、一之軒麵包、王品牛排、鼎泰豐小籠包、鬍鬚張魯肉飯、星巴克咖啡、麥當勞速食等企業。

2. **與「衣」相關的行業**：包括衣服的製作、紡織、修整、銷售等行為的行業，包括廣義的鞋類與化妝品。這類行業的知名廠家相當多，例如，Zara服飾、Uniqlo服飾、G2000服飾、Hang Ten服飾、台南紡織、LA NEW鞋業、伊莉莎白雅頓化妝品等企業。

3. **與「住」相關的行業**：包括房屋的設計、建造、裝潢、銷售等行為的行業，包括廣義的庭園景觀在內。這類行業的知名廠家相當多，寶佳建設、遠雄建設、興富發建設、新光不動產開發、IKEA家飾、永慶房屋、信義房屋等企業。

4. **與「行」相關的行業**：包括車船與飛機等交通工具的生產、運送、銷售等行為的行業，包括廣義的腳踏車與郵輪在內。這類行業的知名廠家相當多，例如，裕隆汽車、賓士汽車、和泰汽車、長榮海運、中華航空、台灣高鐵、台北捷運、捷安特腳踏車、麗晶郵輪等企業。

5. **與「育」相關的行業**：包括生育、養育、教育活動相關的行業，包括廣義的醫療、金控、殯葬在內。這類行業的知名廠家相當多，例如，婦幼醫院、長庚醫院產後護理之家、薇閣中學、台灣大學、美加補習班、台新金控、台安醫院、龍巖生命等企業。

6. **與「樂」相關的行業**：包括各種娛樂活動、觀光休閒、影視媒體、旅遊等行為的行業，包括廣義的觀光飯店與博弈彩券在內。這類行業的知名廠家相當多，例如，劍湖山世界、義大世界、東森電影戲劇、中國時報、錢櫃KTV、雄獅旅行社、東南旅行社、台北W飯店、老爺酒店、大樂透運彩等企業。

7. **與「資訊」相關的行業**：包括電機、電子、通訊3C相關的行業，包括廣義的半導體在內。這類行業的知名廠家相當多，例如，台機電、華碩、宏達電、微軟、蘋果、友達光電、三星、鴻海等企業。

8. **與「農林漁牧礦」相關的行業**：包括自耕農、林業、漁業、牧業、採礦相關的行業，包括廣義的加工製造在內。

　　例如，我從小就喜歡跟教育、書本、圖書館有關的事物。對教師工作充滿著嚮往，也很喜歡逛校園，享受在校園裡面的悠閒和安靜。這意味著我的興趣是屬於「育」方面的行業。因此，我的第一份工作，選擇到中華經濟研究院，而不是××食品或××汽車，因為中經院比較接近教育事業（當然，當時各學校皆未錄取我）。

　　至於怎樣選擇工作的行業或產業別，原則上這個問題的解答方向，應該是根據你的興趣偏好來考量。例如，若是你適合從事會計出納方面的工作，這時候，下一個問題就是問，要在服飾業、食品業或是電腦業中，擔任會計人員。這時就需要看你究竟是偏好吃美食、偏好穿時尚服飾、偏好汽車駕駛，或是偏好賞玩電腦週邊器材等興趣愛好，再來做決定。

> 如何選擇工作的行業或產業別，原則上這個問題的解答方向，應該是根據他的興趣偏好來考量。

　　理由是，第一是你在工作領域中，會需要閱讀到相關的網站網頁或雜誌書報，甚至是專業叢書，來精進在該領域的專業知識和專用術語。第二是你在工作領域中，例如，所呈現的冰淇淋產品，或短袖上衣產品，或重型機車產品，或筆記型電腦產品。哪一種會引起你的興趣，甚至是你成為該項產品的愛用者，這在生產或銷售該項產品時，就十分重要。這時，你對於該產業或產品的偏好程度，就會明顯衝擊影響到你在該產品網站網頁或書報閱讀的意願，和知識吸收能力，以及生產意願和銷售動力。結果是明顯會影響到你在該領域中的專業能力，這會直接、間接影響到你的工作業績和晉升與否。

　　這時，你需要依照「人與事的配合」原則，來選擇你的工作。切記，你需要去追問自己內心的真正想法：「我真的適合從事這一份工作嗎？」而不是被外界的社會時尚風潮、就業難易程度，以及家人支持與否，來選擇你的工作。這樣一來你才能夠真正去發現，真正合適你自己的工作，真正達到「適才適所」的境地。

若是你能夠真正的瞭解自己的人格傾向，將自己的能力和人格分析妥當，你就能夠十分自信的選定，別人也許不看好，甚至是被認為是「冷門」的工作或行業。然而，作者深深相信，在你清楚認識自己獨有能力和人格的情況下，你必定能夠產生最好的工作績效和工作滿意度。這時候就正如：「不要看自己過於所當看的，要照著上帝所分給各人信心的大小，看得合乎中道」。這樣你就能夠活出上帝給你的那一份，並且完美的演出，建立起一份完美的個人品牌。

三、接受自己，活出那真正的自我

最後，就是接受真實的自己，喜歡全部的自己，活出那真正的自我，這是一定要的。讓我們真實的和自己對話，然後在工作上和生活上盡情的揮灑自己吧！看看以下發人深省的內心自我對話，來做為本章的結束：

「在這個世界上，都沒有人要理我，我都沒有一個朋友，

我好想要有個人喜歡我，我好想要有個人欣賞我，

這樣我就可以幸福、快樂了！

我好想要找到幸福、找到快樂喔！

我真的很想要，可是：

到底幸福和快樂在哪裡呢？我要怎麼樣才能夠找到幸福和快樂呢？

說不定在這個世界上，有一個幸福、快樂的祕訣啊！

如果我找到它，那我不就可以又幸福又快樂了。

嗯，對了，我可以做一件最快樂的事情，那我不就可以快樂了嗎！

可是，什麼才是最快樂的事情呢，

是打電動遊戲嗎！是買豪宅嗎！是當董事長嗎！是賺大錢嗎！

我一定要知道幸福和快樂的祕訣。還有，

為什麼我什麼都不會，為什麼我有這樣的爸爸媽媽，這樣的兄弟姊妹，

為什麼我長得這麼矮，為什麼我長得這麼醜，

我討厭我自己，我恨我自己，我氣我自己，是我不好，我是個爛人！

我討厭你們，我恨你，我恨爸爸媽媽，我氣這個社會，你們不好，你們都是壞人！

但是，這個世界上，一定有人愛我的。才會花上這麼多的心思，創造我的眼睛、鼻子、耳朵，這是上帝用愛心特別創造出來的！

因為上帝看著一切所創造的都甚好！

我是上帝創造的，我是特別的，我怎麼以前都沒有想過，我是最特別的。

我是最特別的！我是最特別的！我是甚好的！」

第四章　職涯策略好眼光

職涯寫真

在博士班畢業前後的階段，上帝啟示我，透過：發現槓桿、培養實力、建立格局，三階段的偶然力管理內涵。我也隨之訂定了10年的國立大學教授計畫，並且一步一步的付諸實現。因此，開啟了本書的第四章：「職涯策略好眼光」，以及第五章（學習）、第六章（熱情）的成功三部曲內容。

職涯策略的思考需要有好的眼光，這需要從外在環境透視到個人命運。牽涉到一連串的轉換過程，就是「偶然力」的妙用。並且分成三個轉換過程：發現槓桿、培養實力、建立格局。

4.1「偶然力」的妙用

本章探討你要怎樣因應環境的變化，並且透過職涯管理來發揮職涯策略優勢，進而轉換成個人實力的成長。也就是你怎樣面對外界迅速變化的環境，靈巧變化環境的「偶然」，轉換成為「機會」；進而將機會，轉換成你自己的「實力」優勢；再將實力優勢，轉化成產出成果；並且對應著績效評估，拉高績效認定並發展成為職涯「格局」。這就是「**偶然力**」（serendipity），又名環境應變能力。「偶然力」一詞是由哈佛大學奈伊（Nye）教授所提出，是一個人面對變動環境下，做出的因應能力的統稱。因此，偶然力便包括偶然、機會、實力、格局等四個基本元素。從而職涯的偶然力管理方程式是：**偶然＋機會＋實力＋格局＝職涯偶然力管理**。

換句話說，「職涯偶然力管理」包括三個層次的轉換程序。第一次轉換是透過快速變化的「偶然」環境中，尋找出成功「機會」。第二次轉換是透過各項「機會」中，透過時間培養技巧，將機會轉化成為個人的「實

力」優勢。第三次轉換是透過發揮已經建置妥當的「實力」優勢，藉著績效評估機制產生績效，來發展屬於你自己的職涯「格局」，成就你所想要的事業。

在實際運作中，上述第一次轉換是藉由SWOT分析，透過發現槓桿來達成，這是主動學習的基層層次；第二次轉換是藉由BCG波士頓顧問群矩陣，透過培養實力來達成，這是主動學習的中層層次。第三次轉換是藉由緊扣績效評估機制，透過發展格局來達成，需要放下個人得失心，站穩個人職涯生命格局，這是主動學習的高層層次。在這時，需要尋求能夠持續練習的方式，來掌握環境的機會，並且校準績效管理方向，進行主動學習。扼要說明於後（參見圖4-1）：

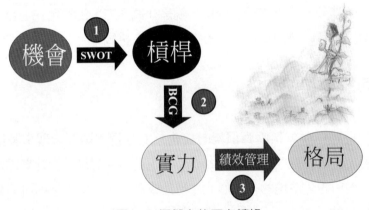

圖4-1　偶然力的三次轉換

一、第一次轉換：SWOT分析

第一次轉換是「SWOT分析」，是找出「SO」的「優勢+機會」的槓桿情形，這是管理學的利基（Niche），或經濟學中比較利益（comparative advantage）法則的應用，是在特定機會下，找到足以發揮個人相對擅長的能力，是相對有利的基礎，來因應外界環境上的需要，產生「一加一大於二」的槓桿效果。

申言之，SWOT分析是所謂的「知己知彼，百戰百勝」，其中外界

的形勢「OT」是「彼方」，是客觀的，是成之於人；內在力量「SW」是「己方」，是主觀的，是操之在我。SWOT就是能夠知己知彼，達到百戰百勝的目的。

這時的**SWOT分析**（**SWOT analysis**）是執行職涯管理的重要工具。它強調個人的資源能力需要和外界的環境相互接軌，透過主動學習來發展偶然力。在這當中，SWOT是代表**優勢**（**strength**）、**劣勢**（**weakness**）、**機會**（**opportunity**）和**威脅**（**threat**）四個英文字首的縮寫，包括內部和外部分析兩部分。首先，SW分析個人內部優勢和劣勢；OT分析外部環境對個人所生成的機會和威脅。也就是SW分析是「知己」的功夫，強勢和弱勢分析的重點在於本身實力和他人之間的比較。這時強調：「力量是主觀的，操之在我」；OT分析則是「知彼」的功夫，成就出：「形勢是客觀的，成之於人」，機會和威脅分析則聚焦在外部環境的變化，對於個人的影響情形。因此，你就能夠轉化環境的「偶然」，成為你職涯中各種的「機會」。

二、第二次轉換：BCG 波士頓顧問群矩陣

第二次轉換是「BCG波士頓顧問群矩陣」，是將第一次轉換中的「SO」，也就是你的「優勢＋機會」的槓桿情境，透過80/20黃金法則的集中優先執行程序，並且置於BCG矩陣中的超級明星矩陣中，加碼投入加倍的資源，多次複製上述的優勢槓桿，來擴大你在超級明星區塊的槓桿效果。詳細內容請參見本章第三節的內容。

三、第三次轉換：績效評估

第三次轉換是「績效評估」，即是將第二次轉換中的「超級明星」區塊的執行成果，切實反映在相對應的績效評估機制上，來獲得相對應的報償，提升你的職涯和生命格局。詳細內容請參見本章第四節的內容。

4.2 第一次轉換：發現槓桿

第一次轉換是利用SWOT分析，來發現你的優勢槓桿。「**SWOT分**

析」（**SWOT analysis**）是由威瑞斯（Weihrich）所提出，是執行環境管理的重要工具，SWOT分析強調個人的資源能力需要配合周遭環境的機會，來發揮個人職涯的偶然力。說明如下（參見圖4-2）：

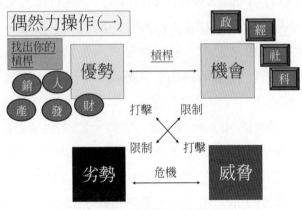

圖4-2　第一次轉換：運用SWOT

SWOT分析可用來分析我們的優勢、劣勢、機會、威脅，使你自己可以達成「知己知彼」的效果。

一、OT 分析

機會和威脅分析是外部環境分析，目的在找出外界環境中，對你自己所造成的機會和威脅。外部環境通常沒有辦法加以控制，但是卻會對你的工作或家庭上，有著深遠的影響。

OT分析的層面包括總體環境的**政治**（**political**）、**經濟**（**economic**）、**社會**（**social**）、**科技**（**technological**）的「**PEST分析**」，以及任務環境的波特（Porter）「**產業競爭五力分析**」二部分，是分別代表對周遭環境的宏觀和微觀的層次。無論是宏觀和微觀層次的分析，都需要探討外界環境對於個人或企業的管理功能的影響，也就是探討其對於生產、銷售、人力資源、研究發展、財務、資訊管理層面上的衝擊影響。

然而，同樣是一件環境事件，對於某甲可能是威脅，但對於某乙可能卻是機會。例如，颱風過境造成傷害，某甲從事花卉種植而損失慘重；

某乙從事水電修繕卻是意外增加很多房屋修繕的生意，無形中增加很多收入，故颱風反而是一項機會。

再如，2019年外界環境上發生全球新冠疫情，導致全球經濟蕭條，股市不振，然由於某人並未投入股市債券，財務上安然度過危機，這時便可以逢低價買進股票。又如，日本311大地震和台灣921地震，導致多棟房屋倒塌，這對於建築業而言則是生產和銷售上的絕大利多，因為有大量房舍需要重建，接單生意接不完。

詳言之，就職涯管理，特別是工作領域中，更需要以水平化思維，來探討不同層面上的機會（或威脅）項目。例如：

1. 在政治和法律變化情勢下，有哪些新的機會產生？
2. 最近的經濟情勢變化，導致哪些新機會的生成？
3. 消費者需求腳步的新變化，是否形塑出我們新的生產或行銷機會？
4. 最新的技術進步，是否提供我們嶄新的服務機會？
5. 社會文化的變遷，是否滋生適合我們發展的新機會？
6. 在未來的發展機會上，我和別人之間的最大不同處是什麼？我要怎樣做才能夠吸收到新的客戶呢？

二、SW 分析

個人體質的優勢和劣勢分析就是內部分析，是完成外部OT分析後的下一步工作。因為你自己的個人體質強弱，在遭受外部環境衝擊影響時，自然會產生不同的結果。這就有如，當你個人身處風寒環境時，體質弱的你就會傷風感冒，至於體質強的他就並無大礙。

至於優勢和劣勢分析，乃是要探討一個人的優點和弱點，也就是特定能力和可運用的資源數量，從而能夠和競爭對手相互比較。這時候的SW分析，便是專注在生產、銷售、人力資源、研究發展、財務、資訊管理活動的優劣處之上。進一步針對你自己的作業能力、業務實績、學經歷水平、財力程度，以及創新能力等管理功能領域，逐一評估。這就有如你在健康檢查時，需要從身體上的消化系統、呼吸系統、循環系統、排泄系統、生殖系統等功能層面，逐一檢查評量一樣。

　　同時，針對生產、銷售、人力資源、研究發展、財務、資訊管理活動的優勢和劣勢進行評量時，更可以細分成數個子項目。從而各個子項目能夠再依照自身的績效和重要性的層面，分別進行評量。這就有如你自己做健康檢查時，需要針對各個分析項目（如肝臟功能），測量個別的指數的高低水平（如GOT或GPT肝功能指標）。並且根據各個子項目的相對重要性程度，將測量項目的重要性分別加以標示。另外，又根據各個子項目的相對績效程度，將測量項目的數值高低加以分別標示。並且列出健康的上下限可容忍數值，若是超過此一門檻，則將數值用紅色字體警戒表示。例如，GOT（麩草酸轉氨脢）的可容忍參考值，是落在8至38 U/L之間；GPT（麩丙酮酸轉氨脢）的可容忍參考值，則是落在4至44 U/L之間。

　　同樣的，就職涯管理而言，你也需要使用水平化思路，來探討不同層面上的優勢（或劣勢）項目。就以優勢爲例，例如：

1. 你自己的比較利益是什麼項目？
2. 你自己的個性上具有哪些優點？
3. 你自己具備哪些嶄新的技能？
4. 你有何種創新策略可資他人借用？
5. 你自己要怎樣做才能夠吸引他人的青睞？
6. 你自己怎樣做出那些他人做不到的事務呢？
7. 當自己和他人相比較時，你自己有哪些的「獨特賣點」（**Unique selling point, USP**）？

三、SWOT 分析的策略意涵

　　爲有效發揮個人優勢來拉高生命格局，藉由SWOT分析來建立你的職涯優勢槓桿，是一非常有效的方式。也就是你自己在進行SW和OT分析時，會產生SO、WO、ST、WT的四種不同情境，從而有四種不同的對應策略，就是SWOT因應**對策矩陣**（**Confrontation matrix**）。說明如下：

1. 當外部機會和內部優勢結合時（即 SO）

　　這時是外界環境存在擴展機會，且個人也具備若干優勢的時刻。這時宜發揮個人優勢，抓住機會，藉由「**攻擊策略**」（**Offensive strategy**）來

擴大機會利益。也就是透過優勢發揮倍增力量，一如**槓桿綜效（Leverage effect）**，產生「一加一大於二」的槓桿作用，這是最佳的槓桿結果。例如，台灣積極發展國外旅客來台觀光，特別是首選風景點日月潭，若能具備解說日月潭風土民情的專業能力，便能大展鴻圖，業績蒸蒸日上。

> 當外部機會與內部優勢結合時，即會產生一加一大於二的槓桿作用。

2. 當外部機會和內部劣勢結合時（即 WO）

這時是外界環境雖然存在若干機會，但由於個人並不擅長此點而淪為一項劣勢，是以無法利用上開機會。這時宜利用外部資源來彌補個人劣勢，採取**「防禦策略」（Defense strategy）**，並靜候競爭態勢的演變。理由是這時環境中的機會，對應到個人的劣勢，故難以發揮槓桿效益，而形成**限制情境（Constraint scenario）**的發展態勢。面對這種限制性機會，效益因而大減，僅能防守式利用。例如，雖有大量日本觀光客來台灣觀光，但是由於某人不諳日語，故難以藉此良機，大力進行銷售推廣活動，而只能徒呼負負。

3. 當外部威脅和內部優勢結合時（即 ST）

這時是個人雖然遭遇環境的外在威脅，但是由於個人具備優勢，故僅會遭受打擊（hit），而不會造成危機，並且可以將威脅傷害減至最低。這時宜運用個人的優勢，減低甚至避免外界環境的傷害。甚至能夠將威脅轉換成機會，形成**「調整策略」（Adjust strategy）**。這時是在環境威脅下，由於個人具備有若干優勢，因此能夠適度地進行**避險（Risk avoidance）**調整，以伺機恢復能力。例如，某地雖然發生大地震，但由於居住在鋼骨架構的制震住宅當中，因此房屋並未因此傾倒而受損。

4. 當外部威脅和內部劣勢結合時（即 WT）

這時是個人遭受到環境的威脅，並且同時個人有相關的劣勢需要處理。這時宜避免正面迎接外界的環境威脅，而應該藉由**「求生存策略」（Survive strategy）**，達到置之死地而後生的情形。理由是一旦正面撞擊威脅個人缺點的環境勢力時，個人不免會面臨嚴重的生存危機，甚至是導

致全部幻滅的萬劫不復後果。

　　基本上，「SO情境」是一種最佳的情況，是個人處在最順的境情況下，積極攻擊的管理性作爲。「WT情境」是一種最爲悲觀的情況，是個人處在最困難情況下，必須執行的求生存作爲。至於「WO和ST情境」則是苦樂參半的情況，是個人身處在常態情況下，可以採用的調整因應策略。

　　例如，我在中華經濟研究院素來是第一快手，生產和寫作效率高。在八○年代流行績效評估，我搭上這一順風車，快速完成並發表多篇的這方面論文，並且升上副教授。不久以後，亞洲金融危機爆發，台灣卻不受傷，我也趁此機會，完成數篇亞洲金融危機下的績效評估論文，投稿到歐洲期刊發表，我再次搭上順風車，在民國91年一口氣升上正教授。

　　再如，我是一個土產博士，而不是留學歐美的博士。因此，在英語的聽與說方面，是我的弱點。我也盡量避開出國使用英文的機會，避免出現求生存的危機。相反的，我是採用投稿學術期刊，與主審和評審使用文字來打筆仗，來取得學術績效。到如今，我陸續完成52篇SSCI或TSSCI等級的學術期刊論文，並且在民國111年升任爲終身特聘教授（參見表4-1）。

表4-1　完成52篇SSCI或TSSCI等級學術期刊論文的清單

區分	SSCI	TSSCI	小計
中經院時期（1990-1999）	Energy Journal (1990); Int J Prod Eco (1993, 1997) Energy Policy (1994, 1997); Int J Ser Ind Managt (1998) Library Review (1997); Appli Eco Lett (1998)	---	8
銘傳大學時期（2000-2004）	Ser Ind J (2000, 2004); Energy Eco (2001); Appli Eco Lett (2002) Euro J Oper Res (2002); J Oper Res Soci (2002); J Envir Managt (2003) Int J Human Resource Managt (2003)	交大管理學報（2004）戶外遊憩（2003）	10

區分	SSCI	TSSCI	小計
東華大學時期（2005-2008）	J Bus & Psychol (2005) Ser Ind J (2007)	交大管理學報（2005, 2008）	4
臺北大學前期（2008-2016）	Electron Library (2009); Int J Sustain Develop & World Ecology (2010) Energy Poli (2009, 2010); Ser Ind J (2010); Public Pers Managt (2012) Elect Library & Inform Syst (2015); Growth and Change (2016)	交大學報（2013）Int J Inform & Magt Sci（2014）	10
臺北大學後期（2017-2024）	Innov-Org & Managt (2019); Sustain (2019a, 2019b); Ser Ind J (2020, 2023); J Res in Inter Marketing (2021) Asia Paci J Marketing & Logistics (2021, 2022, 2023, 2024) J Bus & Ind Marketing (2022); Chinese Managt Rev (2023) Canadian J Administrative Sci (2023); Current Psychol (2024)	陽交管理學報（2019a, 2019b, 2021, 2022）管理系統（2021）住宅學報（2019）	20
小計（篇數）	40	12	52

註：SSCI是Social Science Citation Index的縮寫；TSSCI則是Taiwan's Social Science Citation Index的縮寫。

4.3 第二次轉換：培養實力

　　發揮職涯策略優勢的具體呈現，主要是SWOT分析發現槓桿、BCG矩陣培養實力，以及使實力與績效評估對應來發展格局的三次轉換。其中SWOT分析發現槓桿的第一次轉換已在第四章第二節中說明，至於本（4.3）節係說明第二次轉換，下（4.4）節則說明第三次轉換：

一、BCG 波士頓顧問群矩陣

　　為落實80/20黃金管理法則，需要先行排定各項事務（即策略單元），在執行上的優先順序。這時就需要運用「**BCG波士頓顧問群矩**

陣」（Boston Council Group, BCG）的管理工具。使用BCG波士頓顧問群
矩陣，能夠讓你將外界機會化為自身實力。

> 使用BCG波士頓顧問群矩陣，能夠讓你將外界的機會，轉化成為自身
> 的實力。

BCG波士頓顧問群矩陣是由德國人韓德森（Henderson），為波士頓
顧問諮詢公司設計管理方案時所提出。是藉著分析企業的業務和產品績
效表現結果，來協助企業更有效的運用資源。韓德森所設定的矩陣X軸和
Y軸，分別代表利潤成長率和市場占有率，故被稱做**「成長—占有矩陣」**
（growth-share matrix）。後人更將X軸與Y軸調整成為：利潤成長率和銷
售業績數量（參見圖4-3）。

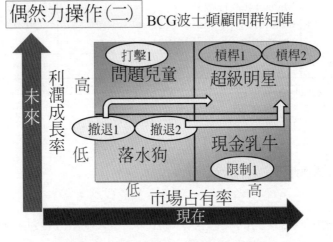

圖4-3　第二次轉換：運用BCG矩陣

在職涯管理上，可分別代表你的「未來」和「現在」績效。因為銷
售業績就是個人現在努力的績效成果，至於利潤成長率則是個人的未來績
效，理由甚明。且在實際運作BCG波士頓顧問群矩陣中，就是把個別的
事務看成是一個**「策略事業單位」**（strategic business unit, SBU），或稱

做策略單元。只要它們能夠個別的獨立運作，能夠清楚計算出成本和效益，有專屬的負責人的三個要件，便可以成立。

例如，我在課堂上經常對學生說，假定你現階段有許多件事情（專案）待處理。這時候，每一件事情（專案）便可以看成是一個策略事業單元。正如就同學們來說，你所修習的每一個課程就可以看成是一個SBU。若你現在修習6門課程，則可以將這些課程分成2個超級明星、2個落水狗、1個現金乳牛、1個問題兒童。

例如，回想我在擔任大學教師工作時，經常手頭上有八件事情。它們是：大學部日間部課程、日間部研究所課程、進修部夜間課程、外校兼課課程、學校的兼任學術主管職務、學校的兼任行政工作、指導碩士論文或大學畢業專題、撰寫論文發表到學術期刊。在這個時候，我會將這八件事情區分成：超級明星為撰寫期刊論文和指導學生論文；落水狗為大學部課程和外校兼課課程；再透過有系統的轉換，再超級明星上增資投入，培養出自己在學術期刊論文發表上的堅強實力。

二、BCG 矩陣的內容

1. **超級明星（super star）**：指利潤成長率高且銷售數量高的事務，是為最成功的策略事業單位，代表著未來和現在績效俱佳的事務。這時候應該採用**「投資策略」**（invest strategy），優先執行該項事務以擴大其投入的效益。

   例如，針對前述我告訴學生說，這時你所列出的2個超級明星課程，這是和未來你就業或工作績效最高度相關的課程。你就需要投資大量時間和精力，全力以赴，並且以獲得最少90分以上的成績為目標。

2. **現金乳牛（cash cow）**：指利潤成長率雖低，但是卻能夠帶來高銷售數量，賺取大量現金利益的事務；或是具有龐大的市場占有率，但是利潤成長率卻相對較為緩和者。代表著現在績效佳，但未來則績效會不好的事務。這時候應該採取**「收割策略」**（harvest strategy），第二優先執行這項事務以求快速實現利潤。這時候並不需要再行擴大投資，理由是即使增加投資，也無法獲得更多的現金收入。

例如，同樣的，針對前述的1個現金乳牛課程，基本上，這些課程多半是一些容易輕鬆獲得高分的課程。這時你只需要適度的投入努力，收割獲得該有的成績即可。

3. **問題兒童（problem child）**：又稱爲問題記號（question marks），指銷售數量雖低，但是卻能夠帶來高利潤成長率的事務；或是相對於市場占有率雖然微小，但卻是快速成長者。代表著現在績效雖然較差，但是對於未來則不會如此的事務。這時候應該採取「**優先化策略**」（**prioritize strategy**），伺機優先投入資源，來改善這項事務的弱點，期許能夠將未來的利潤提早實現。理由是這時若是處理得當，則可以將問號事務轉換成爲金牛。

例如，針對前述的1個問題記號課程，它很可能是一些基本學科課程。例如，微積分、經濟學、統計學、計算機概論、工程數學等學科。爲長期打算，你需要投注相當時間和精力，努力學習打好基礎，方爲上策。

4. **落水狗（dog）**：指銷售數量低且利潤成長同樣低的事務，這是最不成功的策略事業單位，代表著未來和現在績效都差的事務。這時候應該果斷的採取「**棄置策略**」（**kill strategy**），不需要再行投入任何的資源，以免落入資金陷阱。理由是這一項事務既然是無法帶來資金收益，並且投資報酬也相當差。

例如，針對前述的1個落水狗課程，則你要以最低努力60分及格爲目標，甚至是直接放棄該門學科。

4.4 第三次轉換：建立格局

本節說明第三次轉換，就是發展職涯格局。這時需要使你自己的實力，能夠和企業或單位的績效管理體系相互對應，從而使你的努力成果，能夠獲得應該有的相對報償，來拉高並建立你的職涯格局（參見圖4-4）。

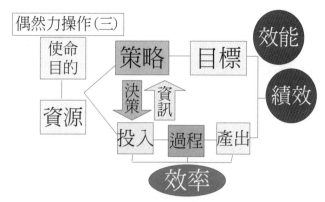

圖4-4　第三次轉換：運用績效管理

一、績效建立

個人為求在市場上能夠永續生存和競爭發展，需要先訂定出職涯使命和生活目的。並且根據所握有的資源，擬定出基本職涯策略和努力目標，同時執行一系列的投入過程和產出活動。在這一系列的活動中，不斷追求效率極大化，來形成資源利用績效。因為我們都需要照自己的工夫，得到自己的賞賜。這時候個人便可以透過績效衡量來評估自己的活動成果，是否業已達成起初制定的職涯使命和生活目的，也就是績效能否達成最高效能。這便是邁爾和史諾（Miles & Snow）所提出的**「績效評估分析架構」**（performance evaluation framework）。其中的「效率」是等於產出和投入（如人力和資金）的比值；「效能」則是目標（如年度目標）和產出（如實際結果）的比值；至於「績效」則是產出的表現情形。

例如，我在課堂上經常對學生說，若是你已經找到自己在BCG矩陣中的「超級明星」，並且你已經重複操作多日。這時候你就需要盡力將你的努力成果和外在的績效評估架構，做好相互聯結，產生具體的績效。目的是要使你自己的實力成果，能夠產生應有的職涯格局或高度。

二、效率、效能與績效

基本上，做事很有效率的人績效不一定會好；同樣的，天天超時工作、忙得頭昏轉向的人，效能也不一定會好，關鍵乃在於「績效」二字。因此本段首先說明效率、效能與績效之間的差別：

1. 效率

「**效率**」（**efficiency**）一詞，又名為經濟效率，是為「實際產出」除以「實際投入」的比值。我們都希望能夠以最少的資源投入，來獲得相同數量的產品產出；或是使用相同的投入資源數量，來獲得最高的產品產出。例如，甲的工作時數是8個小時，銷售業績是4800元；乙的工作時數是10個小時，銷售業績是5600元；丙的工作時數是12個小時，銷售業績是6000元。便可以得知：

甲的效率是600元／小時（即4800元除以8小時）

乙的效率是560元／小時（即4800元除以10小時）

丙的效率是500／小時（即6000元除以12小時）

這時候，甲的效率（或生產力）最好，丙的效率最差。甲可以獲得主管的獎賞。

至於「**生產力**」（**productivity**）一詞，它是「實際產出」和「潛在產出」的比值。這時的潛在產出是指生產的最大可能產出水平。這是由於在經濟學的生產函數中，各種人力和資本等生產要素投入，經過生產函數的運作，便可以達成生產要素的潛在產出（指生產可能界限）。故效率和生產力，在這裡可以看成同義詞。

2. 效能

「**效能**」（**effectiveness**）是「實際產出」和「目標產出」之間的比值。由於這時包括目標產出，故效能具有價值判斷的主觀上意涵。也就是效能重點在於評估「目標達成情形」，這需要有別於前述的效率一詞。

例如，在上述的情況下，甲面對的目標產出是4800元、乙面對的目標產出是5200元、丙面對的目標產出是6400元。則：

乙的績效最佳，超過預定目標（5600元高於5200元），乙可以得到獎賞。至於甲是剛好達成目標（4800元），丙是未能達成目標（6000元低於6400元）。

3. 績效

至於「**績效**」（**performance**）則是**表現**（**perform**）的名詞，是事務或產出成果，也就是實際的產出水準。例如，各銷售員中，甲的銷售量是

4800元、乙的銷售量是5600元、丙的銷售量是6000元，則銷售員丙的績效最佳，丙可以獲得主管的嘉獎。例如，某平板電腦生產線的實際生產量是14萬個，這就是該生產線的績效；又銷售部門的平板電腦銷售量是60萬個，這就是該銷售部門的績效。績效和效率不同，若是產出的數值愈高，則績效表現便被認定是愈佳，這時候並不關心需要投入多少資源。

　　然而，十分詭異的是，各家企業都競相獎勵高績效，祭出高額獎金和升遷機會，殊不知高績效就是代表高額產出，它多需要伴隨著長時間工作的代價。因此，一個人若是一味去追求工作上的「最高」績效，除了可能會忽略到家庭親子生活和健康之外，反而可能會導致較低生產力的情形。理由是在經濟學中，經由**邊際報酬遞減法則（decreasing principle of marginal returns）**的運作，使得在加班的時間中的平均報酬明顯下降，從而導致加班時的生產效率，甚至低於不加班的正常時段上班的情形，理由甚明。

> 高績效就是代表高額產出，它多需要伴隨著長時間工作的代價。

三、效率衡量與績效評估

1. 效率衡量

　　「衡量」（measurement）是指透過共通且具體的標準檢驗，並透過數字或文字來描繪事件或產出的情形。衡量是經由量度工具所取得的數據，用來測度某一事件或產出的行為結果，以及經由這個測度量值，表現出事件或產出的質量大小或能力高低。換句話說，衡量是直接的測度事務或產出，而**效率衡量（efficiency measurement）**則是客觀的測量效率。

2. 績效評估

　　至於「評估」（evaluation）又稱為評鑑，是指評量某一項事件或產出的效率或效能，並且透過制定的準則（如商品品質標準、銷售業績目標、工作收入目標等），做出價值評斷。換句話說，評估就是將衡量數據加上個人的主觀價值評斷；至於**績效評估（performance evaluation）**則

是先衡量績效,再添加價值判斷的結果。

例如,銷售員丁的去年度總銷售業績為400萬元,這項業績原先是一個客觀的衡量數值。然而,若是行銷主管對銷售員丁,已經先行設定其年度目標是450萬元,則行銷經理便能夠依據這項年度目標,評估丁的業績是不合格「待改善」。

最後,在實際評估績效時,主事單位通常更會比較實際的產出表現和預期的目標值。從而這時候的績效衡量,便成為**「效能評估」(effectiveness evaluation)**。

例如,透過學術期刊的論文發表,使我累積了豐沛的期刊論文數量。再配合各大學的教師升等制度,我順利地升等副教授、正教授,乃至於特聘教授。同時蒙上帝賜福,在轉換學校的過程中也相當順利,先由中華經濟研究院轉換到銘傳大學,再由銘傳大學轉換到國立東華大學,最後再轉換到國立臺北大學。這背後都是使用充足的學術期刊論文數量當作後盾。當然,在這裡我還是要特別述說,上帝對我的兩次大慈愛:

(1) *第一次大慈愛*:是我44歲時,我從銘傳大學轉換教職,到國立東華大學的時候。由於我已經是正教授,那時由私立大學換到國立大學任教,很有可能被降級為副教授。但是由於上帝的保守,東華大學的教評會竟然沒有將我降級。後來聽聞在校教評的時候,有一位和我素昧平生的文學院院長,竟然起身挺我,為我辯解。因此,我得以免去被降級成副教授的命運。這實在是上帝的恩惠。在這段期間內,我的妻子經常陪著我在臺大校園禱告,向上帝祈求平安的確據。後來,上帝就賜給我詩篇118篇中的話語:「我在急難中求告耶和華,他就應允我,把我安置在寬闊之地。」果然,上帝賜下平坦的東華大學校園。(照片4.1)

(2) *第二次大慈愛*:無獨有偶,四年後,也就是我48歲時。我從國立東華大學,轉到國立臺北大學的時候,也沒有被降級成副教授。那時據說商學院有兩位大刀教授,專門砍人。而我竟然能夠躲過這個劫難。這實在是上帝的慈愛保護。在這段的期間內,我的妻子經常陪著我行走禱告,向上帝祈求恩典,後來上帝就賜給我詩篇12篇中的話語:「因

照片4.1　正教授能轉換學校到國立東華大學是第一次大恩典

為困苦人的冤屈和貧窮人的嘆息，我現在要起來，把他安置在他所切慕的穩妥之地。」於是上帝就保守看顧這一切。（照片4.2）

照片4.2　正教授再轉換學校到國立臺北大學是第二次大恩典

俗話說：「人生不如意十常有八九」，以及「人在江湖身不由己」，事實上，這是一句不負責任的話。馬丁路德說：「我們雖然無法決定空中飛鳥經過，但是我們卻可以決定不讓飛鳥築巢」。因爲在外界環境中，無法負責、無法選擇的部分，通常只有不超過10%的比例。而可以選擇的卻高達90%。也就是有90%的環境是可以選擇去超越的。因此我們要拿起90%的主權，這絕對是我們的責任，也是追求職涯管理與美好人生的敲門磚。因爲在最好的機會中，也會有一無所獲的人，更會有失敗狼狽的人；相反的，在最壞的危機中，也會有逆轉勝出的人，更會有成功豐收的人。這說明著，外在環境只是「偶然」的因素，而擁有「偶然力」的人，才能夠抓住環境的機運，發揮策略優勢槓桿，運作黃金管理法則，建立起職涯格局。所以，請不要再抱怨台灣是一座「鬼島」，怪罪低薪與過勞的工作環境，而是要洞察環境，做好職涯的「偶然力管理」，才是正解。

例如，我在民國82年獲得博士學位時，就立志要到國立大學任正教授的十年目標。這個目標導引我專心學術研究，並將參與研討會、參與企業界活動、參與政府公聽會、出版教科書或專書、在報章雜誌發表專文、參與企業教育訓練、參與學校兼課等活動降至最低，甚至拒絕參與，以換取時間專心發表學術期刊論文，結果在十二年後我來到國立東華大學任教，並升等正教授，後來更完成一百篇國際學術期刊論文，這乃是上帝的美好賜福。

總而言之，發揮策略優勢中的三次轉換，其目的有三點：

(1) 第一次轉換是透過SWOT分析，找出你的優勢和機會的對應槓桿。因爲快跑的未必能贏，力戰的未必得勝，所臨到的，是在乎當時的機會，這時候你要抓住機會，並且將機會轉化成爲槓桿。

(2) 第二次轉換是透過BCG矩陣，將你的優勢—機會槓桿，轉化成爲實力，使你成爲有快齒打糧食的新器具，能夠把山嶺打得粉碎，打岡陵如同糠秕。

(3) 第三次轉換是透過績效評估機制，將你的實力在合適的舞台中發揮，並獲得具體成效。這件事需要用心思量，愼密計畫來行事，因爲殷勤籌劃的，足致豐裕；行事急躁的，都必缺乏。

第五章　學習帶動職涯發展

職涯寫真

由於我是屬於「研究人」，志在大學從事教學和研究，因此我需要培養這方面的實力。更爲了落實我訂下的10年國立大學教授計畫，我必須要建立學習力，有計畫的培養實力，進而建立格局。也就是透過升等副教授、升等教授、轉換學校的過程來實現。這因此有了本書第五章的內容：「學習帶動職涯發展」，以及6.3節「期望達成目標」。

　　沒有學習就沒有實力，光是站對位置，選對部門，加上跳進去藍海，選對行業，這還不夠。若是沒有實力，還是會被周圍的同行同業所追趕過，比了下去。因此你要將「學習力」置頂，隨時隨刻的優先學習，這是必須的。

5.1　沒有學習就沒有實力

雞蛋，從外面打破，是食物；從裡面打破，是生命。
職涯，從外面打破，是壓力；從裡面打破，是成長。
學習更是成長的攣生兄弟。

　　當你肚子飢餓或口渴了你會有感覺，這會驅使你去找東西來吃，找水來喝。當你肚子餓或口渴的時候，是你自己要去吃喝，別人不能幫你吃東西和喝水。同時你在吃喝時要吃進有營養的食物，而不是垃圾食物，這樣才會對你的身體健康有所幫助。另一方面，心靈飢餓或乾渴通常不會有感覺，你無感也就不會有所行動。尚且空虛心靈的吃喝補充心靈養分，更是別人無法代勞。這時你更需要吃進或喝入正確的心靈糧食，也就是眞理知識，使你的心靈保持健康。總而言之，你的心靈需要成長，這就需要時刻「學習」眞理知識，吃喝知識來補充營養。至於吃喝的「知識」，主要來

自於接收外界的有用資訊。

一、學習的意義與重要性

　　我深深的知道，如果我現在不吃學習上的苦，未來我就會吃生活上的苦。這告訴我，學習十分的重要。「學習」是職涯中最古老也是最新穎的課題，因為人類自出生到死亡，學習活動占最大的部分。但是，有人自從離開學校以後，幾乎就停止學習，從而他的職涯進展停滯，甚至是家庭和情感生活也是乏善可陳；相反的，卻有人秉持著「活到老，學到老」的精神，終身學習努力不停歇。結果就是職涯發展精彩絕倫，家庭和情感生活也總是歡樂洋溢。

　　也就是當你離開學校踏入職場以後，工作上會接觸到很多的新事物或是新知識；或是因應工作上的需要，你需要再學習和本科相關的進深知識，或是和本科沒有相關的知識；甚至是為了轉換工作，需要努力學習某些新知識。在這個時候，一個人是否能夠積極、主動的學習新知，擁有想要主動學習新知的意願和熱忱，這絕對是影響他工作成效和生活品質的關鍵性因素。於是本書特別開闢專章來說明。

　　學習＝「學」＋「習」，就如孔子曰：「學而時習之，不亦悅乎！」學習的內容包括「學會」和「練習」兩個部分，缺一不可。

1. **學會**：學會（learned）是指「學到」某一些「新知」。「學到」的管道有「五到」，包括眼到、耳到、心到、手到、口到，透過多種管道接觸到新資訊。新資訊包括資料、資訊、情報、知識、智慧、理論等不同層級。因此，若是要發揮學習的效果，就需要落實「學習五到」，並且要博覽群書，實在不容許偏廢。

2. **練習**：練習（exercise）是指「取出」、「鍛鍊」以至於熟悉，這需要平日多做一些重複施作的動作。「取出」包括照章取出和反芻取出兩大類。「鍛鍊」是透過學校或實習上的作業和測驗，以及工作或生活上的問題解決來練習。

　　總言之，我們一生職涯當中都在學習，**「學習」**（learning）是使一個人的各項技能，能夠精進並熟練的重要過程。沒有學習就沒有實力。因

此，若是能夠有效洞察，進而增進學習的技能，是一個人有效進行自我管理，做人做事能夠事半功倍的關鍵點。

二、學習方法

學習方法（learning method）是一個人透過觀察、認知、解釋外界的事務，同時內化到日常生活的各種層面上，所表現出來的習慣領域內涵。而有效運用適合自己風格的學習方法，就是達成有效學習的重要路徑。這能夠使你認識清楚：「我是誰？」這個問題的內涵，同時也是決定你職涯發展上的潛力所在。

根據麥卡錫管理顧問公司的說法，職涯中的學習主要包括四種方法，就是：想像、分析、操作和整合。基本上，每一個人的學習方法都不相同，正如每一個人有著不同的指紋和簽名字跡一樣。這是因為每一個人的出生背景和成長經驗都不相同。這時，每一個人都被分派來學習，來表現出上帝的光榮。這是因為人們因為要追求進步，使世人都能夠蒙受上帝的福氣。也因為一切的才幹和職份都是順從上帝的聖靈引導，隨著上帝的意思，分配給每個人，這是上帝的美善心意。

簡單說，我們可以將職涯中的學習方法分成四大類，就是印象型學習、分析型學習、運作型學習、複合型學習。這就有如四種的「學習血型」一樣。例如，有些人是透過觀念的思考和想像來學習，有些人是透過理論的推演和檢定來學習，有些人是透過實務的操作和分享來學習，有些人則是透過知識的綜合和統整來學習，或是透過和自身所處的環境來學習。若是你能夠多加運用你自己所擅長的方式來學習，必然會產生快樂學習和有效率學習的成果（參見圖5-1），說明如下：

1. **印象型學習**：印象型學習（imaginatory learning）主要是透過眼睛或耳朵來學習，是屬於「眼到」或「耳到」學習的人。他的學習主要是透過聆聽演講、閱聽視頻和參加研討會來獲得新知。他是經過抓住資訊的「事物的印象」，並透過傾聽和分享來學習，來奠定既深且廣的學習根基。印象型學習的人十分看重「想像」，他會問：「我為什麼需要學習這些事情？」他在學習的過程中，非常喜歡訴說各種事件的內

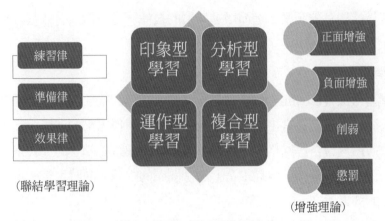

圖5-1　學習的方法與原理

容，和帶給他的生活「印象」，以及實際上的經驗和體會，來分享別人的成功或失敗案例。印象型學習是透過觀察和感受各種事物的內容想像來學習。建議可以多多熟讀企業管理個案、歷史人物傳記、日常生活小故事，來獲致更好的學習成果。

2. **分析型學習**：分析型學習（analytical learning）主要是透過心或手指來學習，是屬於「心到」或「手指到」學習的人。他的學習主要是透過課堂學習、閱讀書本和勤勞做筆記來獲得新知。他是透過在課本或教室中學習新理論或新知識。分析型學習的人十分看重「內容的分析」。他會問：「我需要學習些什麼樣的知識？」他非常喜歡使用理性思辨，來架構所學習到的新知識、新觀念、新理論。他更是傳統教學和紙筆測驗下的「優等生」。建議可以藉著典型的教學課本，用清楚的段落、綱舉目張的編排，來獲得學習上的高效成果。

> 分析型學習的人看重「內容」，是傳統教學和紙筆測驗下的「優等生」

3. **運作型學習**：運作型學習（operational learning）主要透過手或腳來學習，是屬於「手到」或「腳到」學習的人。他的學習主要是透過操弄

實驗、操作器材和機械設備來獲得新知。他是透過快速將所學習到的知識，直接或間接的應用到日常生活或實務工作上面，來檢查是否務實、切合實際。操作型學習的人十分看重「實際的運作」。他會問：「我要怎樣運用所學？」操作型學習的人是親自動手操作的「DIY」專家，他非常喜歡做實驗，實際操作機械和設備。並且透過檢驗和自己日常生活相關的問題，來應用所學到的知識。建議可以多做些實驗、多做些練習題、多執行田野調查，來收事半功倍的成效。

4. **複合型學習**：複合型學習（comprehensive learning）主要是透過口或全身來學習，是屬於「口到」或「全身到」學習的人。他的學習主要是透過口說、演示和劇場展演來獲得新知。他是透過多種創新的點子，來將學習到的新知做出統整運用。整合型學習的人很重視「複合式創新」。他會問：「我要怎樣推出新產品？」整合型學習的人會積極使用他的預感，來尋找新的應用方式和新的創意。並且透過臨場隨機應變，來保有適當的彈性，他是標準的創新專家。建議可以多參加創意競賽、各種展演賽事、實驗劇場演出，來收在磨練中成長的效果。

在這時，你需要瞭解到：你是利用哪一種學習方法來學習的。同時，要進一步去發掘出，你所帶領的部屬是使用哪一種學習方法來學習的，這樣你才能夠因材施教，因勢利導，發揮一加一大於二的學習綜效。因為「沒有學習就沒有實力」。

例如，我是一個「分析型學習」的人，當我在大學、碩博士班修課的時候，老師上課會教很多材料。我發現，在接觸到有條理、有次序的資訊時，我的學習和吸收效果最好。當我將所獲得的資訊，逐項、逐點來分類和整理，最能夠增加我消化和吸收知識的能力。當我在撰寫文稿時，自然會是條理分明，具備著綱舉目張的效果。因為我是分析型學習的人，故透過「心到」或「手指到」，進行書本閱讀和做筆記，最能夠達成有效率的學習。

5.2 倍增學習催油門

在學習過程中，你更需要透過適當的刺激工具，來提升職涯學習的成效，這叫做**「倍增學習」**，這當中又以**「工具制約學習」**（operant conditioning learning）最爲有名。工具制約學習的基本用意，是透過行爲塑造的技巧，使你的學習行爲，經常保持在有效率的狀態。或是至少能夠維持在一般水平以上，使自己的學習能量得以精進，這是啓動學習行動的核心要領。

至於常見的刺激工具有二，包括內在工具和外在工具，先說明內在工具：

內在工具是指刺激工具來自於學習活動的本身。這時是透過適當的自我暗示或重複行爲，來強化刺激和學習之間的反應聯結，這就是桑代克（Thorndike）所提出的**「聯結學習理論」**（linkage learning theory）。是將刺激和學習反應做緊密的聯結，來提升學習的成效。桑代克提出**桑代克學習律**（Thorndike's Laws of Learning），包括練習律、準備律和效果律（參見圖5-1）。

1. **練習律**（law of exercise）：是指刺激和反應的聯結，需要因個人的練習次數來判定。是個人練習次數增加，會增強學習成效。這是桑代克學習律當中的練習律，是提供重複練習來學習的理論基礎。例如：美國大聯盟等級的巨砲大谷翔平是天天練習揮棒，強投陳偉殷則是天天練習投球，因此他們都能夠成爲這一個等級的好手。

   例如，在民106至113年的7年中，我一共指導18位碩士生，我分別和他們聯名投稿國際學術期刊。計投稿90次，其中被主編直接退稿就達72次，通知提答辯稿和修正稿的有32次，最後錄取16篇。其中有12篇更爲SSCI或TSSCI等級的優質國際學術期刊。這些投稿過程就是明顯的「練習律」展現。由於我經常練習撰寫學術期刊，在經年累月練習後，就自然變成撰寫學術期刊上論文的好手。在26本專書寫作上也是相同，此不再贅述。

2. **準備律**（**law of readiness**）：是指刺激和反應的聯結，需要因個人的身心準備狀態是否妥當來判定。是一個人在具有強烈需求的時候，例如他需要獲得某一項工作時，他會督促自己努力的進行學習，並且獲得學習的成果。這是桑代克學習的準備律，這提供了需求導向學習的理論基礎。例如：職棒開打前各球隊都會進行密集集訓，奧運和亞運開賽前選手會加強訓練，以求能夠獲得好成績。

例如，我因為教學上的需要，會需要事先準備好上課的教學教材，並且事先設想好教學的方式，包括板書和投影片雙管操作，來提升教學上課內容的精采程度，這是「準備律」的有效運用（照片5.1）。更進一步，我繼續將大量投影片的課程教案，充分準備妥當。每一個專章都已準備好50張以上的投影片，藉此當作專業教科課本的寫作素材。因此要完成專業教科書（例如，服務管理、國際行銷、科技與創新管理）的寫作，在作業上就較為容易了。

照片5.1　上課時板書和投影片雙管操作，貫徹學習三律

3. **效果律**（**law of effect**）：是指刺激與反應的聯結，需要因反應後個人能否獲得滿足效果來判定。是成功的行為會產生滿足的結果，個人再將滿足經驗印入他的記憶中，這時候內在記憶會催促他再次重複出現成功行為。這是桑代克學習的效果律，這提供了成功經驗有助於學習的理論基礎。

例如，在我寫作投稿的初期，就獲得數位評審和主審的賞賜和恩惠，

而能夠順利刊登學術期刊論文，這產生「效果律」。這使得我有信心繼續投稿，因此在民國78年到113年的35年間，發表140篇具有匿名評審的學術期刊論文，其中更有52篇是SSCI或TSSCI等級的國際學術期刊論文，研究成果十分優良。

又如，由於學生平時考試成績考高分容易使期中考試成績更優良，而期中考試成績考高分容易使期末考試成績更優良。因此，我在期中考之前的平時考試，通常會給學生比較高的分數，來正向促成學生們能夠在期中考試，甚至是期末考試，考出好成績。

5.3 自我激勵來發展職涯

本節則說明外在工具，是指刺激工具來自於其他的獎勵或懲罰行為，將刺激和學習反應做緊密的聯結，來提升學習的成效。這就是史金納（Skinner）所提出的**「增強理論」**（**reinforcement theorem**）。常見的增強方法有四種（參見圖5-1）：

一、正面增強

這時是應用增強理論，對於優良的學習表現（例如，考試得到高分）時，就給出適當的言語讚美、獎金發給、獎狀頒發、外出旅遊、享受美食，或其他物質獎賞等。也就是在優質行為發生之後，就馬上滿足這人的需求，透過**「正面增強」**（**positive reinforce**）機制，來引導出這項優質的行為，能夠重複再出現。透過正面增強，可以讓一些好事繼續再發生，到達「好事多」。就是使高效率的學習和正向的情緒能夠更形強化，來擴大這個優質學習的成效，這就是正面增強的制約學習。

例如，為加強學習成效，我在努力完成一段的工作（例如：寫完一章專書、完成一節論文、完成一個專題）後，我會到便利商店犒賞自己一番。例如，買包餅乾、梅子綠茶、菊花綠茶、薏仁米漿或是北海霜淇淋，給自己一個小小獎勵。這種自我打氣方式，正面增強效果非常好，且費用低於50元（只有銅板價），非常便宜，不用花大錢出國旅遊。這使得我能

夠一步一腳印，慢慢完成一項的大型工作（如完成一整篇論文或是一本專書），非常值得大家一試。

> 透過正面增強，可以讓一些好事繼續再發生。

二、削弱

相反地，如果出現不想看見的錯誤行為，就馬上加以忽略，這就是**「削弱」**（extinction）。例如，幼童哭鬧不停、不吃飯時，父母親就刻意忽略他，使幼童感覺到無趣，沒人理睬而自行乖乖的吃飯。或如，青少年出現怪異行為，想要吸引別人的注意時，則大人可以採用削弱的方法，刻意忽略青少年，使他自覺無趣，轉而停止這項怪異的行為。

例如，當我感到學習無方，進而導致成效不佳時（如投稿被退稿），我就需要採取削弱動作，刻意不去理睬，這會使這項行為得以減弱，甚至是消失；或是採用轉移性的削弱（例如，改採其他的學習方法），使我原本聚焦在學習無方的行為能夠轉向，同時因為成效不佳而失望的心情能夠緩解。

例如，為導正學習的成效，我在面對學生、孩子或是下屬，發生我不想看到的怠惰學習行動的時候，我從妻子處學會選擇直接忽略、忍耐他，並且置之不理。同時先間接的去了解這現象的背後原因。因為「不要叫醒我所親愛的，等他自己情願」，未熟的果子不要強摘。並且等待對方如果哪一天，有發生一時性的正向學習行為的時候，就馬上給對方口頭肯定、物質獎勵，或讚美表揚等正面強化。來鼓勵對方這一次的正向學習體驗，進而引導出正面的學習成果。

三、負面增強

這時候若是在學習成效不佳（例如，考試得到低分數）時，採用處罰的**「負面增強」**（negative reinforce）措施，例如，罰款、限制自由、強制勞動、記過、降級等。也就是在劣質行為發生之後，就馬上消除你不想看見的結果。但是，負面增強往往效果相反，可能會使當事人增強這一

項不好的行為，結果就是導致這一個不良的學習表現（例如，考試得到低分），再次重複出現，並且持續下去。

這是由於人類的罪惡天性因素，使得負面增強反而會使這人心生憤怒，使得他故意增強這一個不良的行為當做報復。就算是他在被威嚇之下，也會陽奉陰違，發生「上有政策下有對策」的負面舉止。結果就是導致這一項不良的學習表現（例如，考試得到低分），重複再三出現，並且持續下去。因此，負面增強實在是一個兩面刀刃，需要謹慎使用。

負面增強反而會使人增強，這樣一個表現不佳的行為。

四、懲罰

若是出現不良的學習表現時，就馬上增加這人不喜歡的刺激，這就是**「懲罰」**（penalty）。懲罰是希望能夠減低這人的不良行為。例如，給予責備、處罰、限制行動、強制勞動服務、記過、降級等。期望使這人心生畏懼，自行降低這一項不良的行為，以避免下一次再受到同樣的責備或處罰。

5.4 學習真諦見真章

一、學習的真諦

我們接收外界資訊，實在是好像吃喝真理知識一樣，主要是依靠停、聽和看，透過雙腳「停駐」、兩耳「聆聽」和兩眼「看見」來學習。這時候更需要提出真理知識學習上的「撒種比喻」，列出其中的「三不一要」，說明如下：

1. 不要撒在路旁

真理知識就像是種子，被人撒在馬路旁邊，我們經過它卻不在意它。於是種子不久後就被天空的飛鳥吃得一乾二淨，所剩無幾。正如：「撒得時候，有落在路旁的，飛鳥來吃盡了」。知識的種子來了，但是我們卻有

聽沒有到，在我們的心田內，並沒有留下一朵的雲彩。這就是我們雖然接近到知識，但是卻沒有學習到知識的情形。

這個世界有太多山寨版的訊息，使我們的內心已經被塞滿其他的資訊。就是在你的心田中，已經被其他資訊踩踏過後變得僵硬，而不容易去接受真理知識或正確新知。這主要包括兩種情形：

(1) **偏見**：堅持偏差錯誤的資訊，產生「以偏概全的月暈效果」，或是「以全概偏的刻版印象」。例如，相信考古和歷史學無助於工作就業，以至於歷史系學生無法深入學習歷史學，進而利用歷史文物來銷售商品。例如，從唐代人販售涼茶的過程，來察看現代人怎樣銷售奶茶。又如，相信企管系和物理系的學習內容太廣泛，是通才教育；轉而相信會計系和牙醫系的學習內容十分專業，是專才教育。事實上企管系和物理系學習了多種管理和物理理論，實在是博大精深；反而會計系和牙醫系是實務性的學科。在歐美各大學都是先設立企業管理或物理學博士班，並且多加設置；反而會計系和牙醫系則是較後期才設立博士班，並且較少設置。這就是明顯的證據。

(2) **成見**：堅持先入為主的看法，產生抱殘守缺、懷舊拒新的守舊思想。例如，相信婚姻是戀愛的墳墓，生養子女會妨礙自我的追尋，於是排斥結婚，也拒絕學習婚姻、家庭和教養子女方面的知識。殊不知一個人取得大學畢業文憑，需要修習128個學分；那請問維持美滿的婚姻，需要學習多少個婚姻、家庭和教養方面的知識學分呢？又如，相信大學學習的理論對於就業沒有用處，進而在大學中，「由你玩四年」的浪費時間，導致大學生光只是具有大學「學歷」，而沒有知識的「學力」，因此只能坐領低薪；殊不知知識理論是解決問題的基礎，也是應用到多個實際工作場合的媒介。

2. 不要撒在土壤淺的石頭地

真理知識就像是種子，被人撒在土壤淺的石頭地塊，我們經過它也留意到它。我們在剛開始歡喜領受這知識，但是因為內心並不堅持，並不是真得想要得到這知識。正如：有些種子「落在土淺石頭地上的，土既不深，發苗最快，日頭出來一曬，因為沒有根，就枯乾了」。這就好像是對

知識的根基不深，當太陽出來日照以後，樹根就被曬乾而枯萎了，知識在我們的心田內就有如半吊子的半桶水，沒有辦法實際應用在工作或生活當中。

這個世界充滿著速成、即時的思想，強調只要按一個鍵、一個鈕，就能夠做成某一件事情。這樣的思想會使我們在學習時，相當的短視和淺薄，而會產生以下的情形：

(1) 只要知識的好處，而不要付代價學習。

(2) 只要享有知識的權利與福利，而不願意付出責任與義務。

(3) 只要輕鬆簡單速成的知識，而不要扎實真功夫的知識。

(4) 只要祝福、擁有榮美的知識，而不要吃苦、克服磨難的知識。

3. 不要撒在荊棘地

真理知識就像是種子，被人撒在荊棘雜草叢中。正如：「有些種子落在荊棘裡的，荊棘長起來，把它擠住了，就不結實」。我們經過它、留意到它，但我們並不是真得想要擁有它。我們已經被其他事物塞滿時間表。例如，世界上的功名地位、金錢迷思、情慾私慾等，以致於我們選擇次好的知識，來代替最好的真理知識，也就是用次好的來取代最好的。要知道，「次好」永遠是「最好」的敵人。而我們之所以沒有辦法再進步，沒有辦法更上一層樓，有很大的原因是，我們抓住次好的，而不願放下來追求最好的。因為在你的眼中，知識只是獲得名利的手段或工具。而只有貨真價實，具有真才實學，才能經得起職涯考驗。這就是所謂的「真金不怕火煉」。事實上，只要你有真才實學、真知灼見，該有的功名利祿和職涯福樂，自然會來到你的身上。

4. 要撒在好心田中

真理知識的種子，若是落在好心田的好土地中，就會在心中落地生根、發芽成長、開枝散葉，乃至於會產生三十倍、六十倍，甚至一百倍的好收成。正如：「那落在好土裡的，就是人聽了道，持守在誠實善良的心裡，並且忍耐著結實」。長此以往，你就會成為知識的寶藏獲取者，或內行人。所謂的內行人看門道，外行人看熱鬧；你的知識等第絕對不同於其他人，你就是知識的守門員。

　　至於怎樣成爲好心田，有以下三個步驟：

(1) **進入**：要挑選正確的眞理知識，用耳朵聽並且用眼睛看，使知識能夠進入你的心中。這時要問自己以下三個問題：

　　・你在什麼情況下，接觸到這個知識訊息？

　　・你怎樣使用你的耳朵，聽到這個知識訊息？

　　・你怎樣使用你的眼睛，看到這個知識訊息？

(2) **相信**：更進一步，當眞理知識進入心田，你必須內心醒悟過來，同時做出相信與否的決定。這時要問自己以下四個問題：

　　・你覺得你內心的什麼地方，被提醒了？

　　・你贊成或同意這個知識訊息的論點嗎？

　　・你承認或接受這個知識訊息對你有用嗎？

　　・你願意遵守或實行這個知識訊息的內容嗎？

(3) **改變**：眞理知識進入心田，必須能引起物理反應或化學反應，改變你的生活。否則這只不過是繼續去堆砌資料而已。我們實在需要反省自己的工作和生活，思想要怎樣將這知識應用出來。這包括物理反應上的直接增減，或是化學反應上的融合轉化，這樣才能使知識得以活用出來。這時要問自己以下三個問題：

　　・你在哪一個地方，應用到這個知識訊息？

　　・你應用到這個知識訊息，力道的程度有多大？

　　・你應用這個知識訊息，持續了多長的時間？

二、職涯學習方向的再思

　　放眼今日的台灣社會，群眾理盲、集體反智已經蔚然成風，並且媒體強調實務掛帥，凡事應以個人體驗爲宗師。許多人以爲大學所學的知識已經落伍，早已不敷現代社會職場的所需，故主張大學時期應該多強調要多前往企業界實習。然而，事實眞相卻是恰好相反，一則企業多基於成本和現實的考量，所能夠提供的企業實習，絕大多數是操作性的事務性工作，或是勞力密集的作業性工作。這很容易使大學生淪爲被企業壓榨的廉價性勞工；二則大部分企業界的許多管理措施，事實上是不合管理學理、經濟

理論或統計原則的，這時就需要大學所學的專業知識，來洞察其眞假，並且能夠具體提出針貶之道。試舉四個實例即可知分曉，說明如下：

首先，業界經常標榜本企業的客服服務最佳，顧客來電30秒鐘內，必定會有專人接聽電話，來展示客服作業的高效率。殊不知此舉明顯會忽略顧客差異化的本質，不同的顧客其商務價值必然是有所區別。對於高商務價值的客群，例如大客戶和頂級顧客，就應該給予專線電話，或於來電時就顯示出其身分，從而需要在10秒鐘內接聽，30秒鐘就明顯過於長久。相反的，對於沒有商務價值或是被列入「奧客」等級的顧客，在經來電顯示辨認身分後，則可以讓對方多等候一會，使其知難而退。至於其他顧客，則30秒鐘的績效標準就已經是足夠。換句話說，這時便可以印證到專業教科書中的顧客差異化，行銷差別化的眞義。

二則，業界也會自誇該企業的廣告效益最佳，多推崇自家的「精準行銷」功力。殊不知在高級品的銷售上，精準行銷反而會是票房毒藥。例如，要行銷賓士的高級房車，經常到特定族群的個人通訊軟體，例如，臉書或微信中，置放廣告。事實上，這時應該採取「對象外行銷」，針對不會購買高級房車的客群，密集執行廣告，使他羨慕賓士級房車，進而當賓士級房車出現在他眼前時，他才會不禁的發出「歐！歐！」的驚嘆聲。這聲音聽在尚未擁有賓士級房車的人耳中，就值得他掏出高價格來購買，滿足他的虛榮心和面子。這就是專業教科書中的**「知覺社會價值」**（**perceived social value**）的眞義。

三者，業者紛紛宣稱其網路廣告威力無遠弗屆，並且結合精準行銷在日常生活之上。例如，日常品的銷售（如洗衣粉）。這就是針對家庭主婦或職業婦女的客群，在他的個人臉書或微信等個人通訊軟體中，密集刊登廣告，並且附上「馬上購買」的按鈕，然而，這種方式的效益實在堪虞。因爲家庭主婦或是職業婦女，在觀看這一則廣告之後，就算是她對這項產品頗有好感，但是基於想要再便宜一些的自利心態，她必定會去其他的商家比價，這就是「貨比三家不吃虧」，這樣一來，便可以知道這一項網路廣告的效果堪虞。這就是專業教科書中的**「知覺價格」**（**perceived price**）的眞義。

　　四者，業者或傳播媒體經常會誇耀電子商務的神奇魅力，並且有意或無意的鄙視傳統的通路銷售績效。事實上，在專業教科書中，電子商務在本質上只是另外一種的行銷通路，並不需要自我膨脹。況且，電子商務的退貨率多半高於五成，甚至是超過六成，所附帶產生的交易成本和法律糾紛問題，都會產生附加成本，而這沒有看到傳播媒體做詳細報導。另外就統計數據得知，先進國家如美國和西歐各國，或是亞洲經濟大國如日本和中國，電子商務的銷售額占所有行銷活動的銷售額，都不超過20%。因此，有識者實在不需要隨著傳播媒體起舞，從而迷失真正的焦點。這就是專業教科書中的「**通路管理**」（**channel management**）的真義。

　　最後，我的一項職涯學習心得是：讀書不一定會讓我成功、賺到錢，但是讀書有一種效果是確定的，就是讀書會讓我的內心平靜而有力量。讀書會提高我的認知，讓我學會更加理智的去處理事情，更加客觀的去看待這個世界。因為任何不好的事情發生，最終你還是要接受和接納。你可以樂觀的期待未來，你也可以等待美好的事情發生，但是我不需要糾結於現在，因為我已經學會，在上帝的大愛中，在上帝的時間點，祂會使所有的事情都變成美好。

第六章　熱情擴大職涯發展

職涯寫真

> 緊接著第五章，在學習成長來培養實力的過程當中，更需要熱情的心流來添加柴火。透過能夠做、喜歡做、有機會做，三個熱情的種子，激盪出殷勤的研究、快樂的寫作、美好的收成的三部曲。因此，有了本書第六章：「熱情的心流」以饗讀者。

除了努力工作，更要樂在工作，透過熱情的「心流」來擴大戰果。而心流來自於願景和熱情，雙管齊下，再透過期望的心理，便可以達成目標（如十年國立大學教授計畫）。

6.1 願景來勾劃藍圖

你想要有效的完成一項工作，進而發展職涯，需要依賴工作意願和工作能力。工作能力是天賦和學習下的產物，已經在前面章節中加以說明；至於工作意願就需要看這個人是否具備強烈的工作動機。

「動機」（motivation）或稱**內在動機**（internal motivation）一詞，顧名思義，動機就是使你的內心，能夠「動」起來的「機」制。這是發自內心而生出來的行為發動機制，是使你真正採取熱烈行動的運作機能。事實上，你的動機會決定你最後實際上去做出來的事情，動機必然是你心中思考後的成果。動機是你最深沉、最隱密、最長久持續的動力，本質上是激發你行動的發動機，它會影響你的外在行為既深且遠，因此本書特別開闢專章來說明。

> 動機就是使你的內心，能夠「動」起來的「機」制。

在職涯和人生旅途中，你一定會需要面對工作和家庭的各項事情。這時候你的內心是否具備了火熱的內在動機，絕對會是你成爲一位平凡人物，或是成爲職涯的一位成功人士之間的重要分界線。這時候的差異點，就是在於你的「態度」。因爲一位不具備內在動機，或內在動機十分薄弱的人，多半會抱著做一天和尚撞一天鐘，以消極心態來做人處事；相反的，一位具備內在動機，或是內在動機十分強烈的人，則會「神馳」在其中，興奮的面對每個人和每一件事，用一顆積極的心態來達成目標，自然就會明顯提高職涯的生產效率，容易獲得職涯發展的成功甜美果實。本章就從這裡出發，探討內在動機的重要元素。

首先，動機指你爲要達成某一項目標，所願意付出的努力情形。動機包括：努力強度、努力方向，以及努力的持久性的過程。其中的努力強度，是指你努力的強或弱的程度；努力方向是指你努力的方向，是朝向哪一個目標；努力的持久度是指你能夠維持該項努力，到達多久的情況。

動機和激勵不同，基本上，從企業經理人的立場角度就是**激勵（encourage）**。例如，各種激勵措施（例如，績效獎金、加薪、升遷、分紅入股等），來引導工作者提高工作的業績；至於從工作者反應的觀點來看，就成爲「動機」。

動機和刺激並不相同，刺激是一種外在的因子，會引起被刺激者做出某種的反應。然而，若刺激一旦消失，被刺激者通常會回復到原來的狀態。例如，看現場綜藝秀，內容搞笑有趣，讓人捧腹大笑；或是看電影，電影情節十分緊張驚險，讓人精神亢奮、血脈賁張，然而一旦節目結束，觀眾就會因爲失去刺激而回復原狀。於是，本節討論的重點並不是在於刺激的本身，而是談如何引起動機。因爲，你的眞正動機是來自於你的內心想法。雖然，你我仍然需要受到物質激勵制度的刺激，來持續引起或強化一個人的工作動機。也就是透過刺激，來滿足你的**個人需求（personal need）**，來生出你想要的行動成果。

讓我們先談一談「願景」，**願景（vision）**一名異象或視野，是你能夠加以實現的心中夢想。願景是在你的腦海中，假想「預先看到未來」的情景。是你心智能力表現出卓越品質的成果，它表達出你的夢想、渴望、

盼望和標竿的所在。願景的發動器是你的內在動機，因此，你可以將願景轉化成強烈的內在動機。透過願景想像，你能夠回憶過往，放眼將來。能夠藉此激發內在動機，形成外在的行動力，展演創意，轉變當下，進而擴大職涯發展。願景更是你值得長期追求的理想，而不僅僅是一項單純的目標。例如，興建舊金山金門大橋、倫敦大笨鐘、巴黎鐵塔、雪梨歌劇院，都是建築師展現他個人願景的成果。

願景是在你的腦海中，假想「預先看到未來」的情景。

願景可使人為它努力奮鬥。願景的特性有二點：

一、願景需要是可以實現的夢想

願景包括想像力和明確性二部分：

1. 第一是想像力，因為在你心中相信，並且能夠想像出來的各種事務，都能夠將它化成真實。
2. 第二是明確性，願景在當事人心中，需要如同水晶般的清晰。理由是要射中一個看得清楚的靶心，要遠比射中一個看不清的靶心來得更容易達成。例如，某人想像他在美國大聯盟棒球場投球的場景，就會促成他遠渡重洋，努力奮鬥，達成職棒選手的願景。

例如，我想像我在通識課程中上課的場景，就會促使我努力閱讀，學習通識知識，達成優良通識教師的願景。

二、傳達願景要能夠引動興奮

願景是一種方向力量的展現，它指出一個人心中想要追求的目標。這其中是可能有許多的解讀，而伴隨著時間的更迭，伴隨著許多的溝通，願景愈來愈會被明確說明，而不再是被看做是一種神秘而難以控制的力量。例如，賈伯斯說出一種行動辦公室的願景，就促成平板電腦和筆記型電腦的發明；賈伯斯說出一種個人無紙筆通訊的願景，就促成智慧型觸控手機的發明。

例如，我在擔任通識中心主任時，積極鼓勵正教授來開設通識課程。

我説出：正教授已經飽學經綸，正是「吾道一以貫之」的大師，理當來開設通識課程，諄諄教誨眾學子以人生之道。這便引動興奮，使其他教授來開設通識課程。

6.2 熱情更添加柴火

熱忱是你內心動機的自然表現，表現在樂觀、興奮和決心當中；當你的天賦才能、興趣愛好和外界需要能夠相互配合的時候，熱忱自然就會被點燃。也就是當你將自己擅長做的事情（就是你的天賦能力）、將自己喜歡做的事情（就是個人的興趣偏好），和周遭環境的工作需要（就是機會）相互串連時，就會產生你的工作熱忱（也就是你能夠做得十分起勁的事情），這就是本節要探討的主題。

一、熱忱的本質

熱忱是你在情感上的執著，和行動上的樂意付出。熱忱的心聲就是你熱衷且有興趣去做某一件事情。會表現出積極樂觀、興奮活力和行動決心的意志力。當環境的工作需要和你的天賦能力相互配合的時候，就會點燃你的心中的生命熱情，產生**心流（flow）**般的熊熊熱火。這股心流會生成源源不絕的力量，驅動你朝向目標來邁進，這就是你的熱忱所寄，而成為你自發性的工作動機。這是赫爾（Hull）所提出的**降低驅力型（Drive-reduction）**的**動機理論（motivation theory）**內涵。

例如，在「冰公主」一劇中，女主角凱西十分喜愛溜冰，她的溜冰教練更是多次確認，凱西有溜冰的天分。在獲得地區性比賽優勝的資格之後，教練建議凱西應該參加全國花式溜冰大賽，但凱西的母親卻希望她用功念書讀大學。這時由於凱西心中已經點燃對溜冰的熱情，在面對這個機會時，凱西不顧父母親的反對，毅然決然投入艱苦的半年溜冰練習，並且甘之如飴。最後終於在全國花式溜冰大賽中獲得銀牌，並且因此獲得保障進入體育大學的資格。

例如，每當我在寫作的時候，經常會忘記時間的流逝，專注在每一個

字句上，樂在其中而忘了我是誰。我想這就是熱忱帶動「心流」的情形。

在情感上，男性看見自己心儀的女性，感覺到特別的興奮和熱情，心裡想她就是我想要追求的對象。在工作上也是一樣，你喜歡上某一份工作，和工作談起戀愛。就是心中喜歡，這時候就已經觸動你的工作熱情。也就是你從事想要做的事情，同時又能夠做得很有生產力，就會偏愛這一份工作，從而產生熱情。熱情是你正常的生理反應，是最自然的表現。

簡單說，熱忱包括我「能夠做」、我「有興趣做」和我「有機會做」的三重層面，來發揮沛然莫之能禦的莫大熱力。

1. **「能夠做」**：是將一個人的天賦能力和環境工作需求，進行巧妙結合的情況。例如，行政人能夠勝任總經理特別助理、研究人能夠勝任行銷企劃工作。

   例如，我是研究人，我能夠勝任研究論文的撰寫和投稿、研究計畫的執行和研究報告的撰寫。同時我也能夠展開專書的撰寫工作。

2. **「有興趣做」**：是這項事情能夠和個人的生活愛好和興趣相互結合，成為這個人樂在其中的事情。例如，喜歡逛街購買時裝的人，樂於擔任服裝設計師的工作；而平常喜歡嘗遍各地美食的人，樂於擔任異國餐飲服務銷售的工作。

   例如，我的興趣在通識教育課程的授課，和進行通識教材和專書的撰寫工作，並且樂在其中，因此在臺北大學日間部和進修部都開設生涯管理、幸福管理、管理與美好人生等通識課程，為期13年，為要服務眾莘莘學子。（照片6.1）

3. **「有機會做」**：是環境中出現這項工作的需求和機會，成為一個人有機會發揮實力的事情。例如，這時候有一個專案計畫，需要通曉行銷企劃相關實務的人來投入，而平常經常從事市場行銷研究的某甲，便能夠抓住這一次的好機會，來努力發揮。

   例如，我有機會擔任通識教育中心主任，並開設相關的通識教育課程。

照片6.1　我開設生涯管理、幸福管理、管理與美好人生等通識課程，為期13年

> 熱情包括我「能夠做」、我「有興趣做」和我「有機會做」的三個層面，能夠發揮豐沛的超大熱力。

二、熱忱是生命力的音符

　　熱忱更是生命力的音符，它是你身體自律和心智願景的推進器燃料。理由是一旦你發現他生命的真正意義和價值信念，並且能夠為社會貢獻出個人特定的工作事務，這時就會開啟**自我激勵（self-encouragement）**的鑰匙，生成強烈的工作動機。

　　例如，我的兩個兒子是「V2團隊」一員，素來熱愛並且擅長於MV影片製作剪接事務。當他們報名參加有如：「慶城街一號」、「YouBike」或「爭鮮壽司」的MV影片創作競賽時，他們必然會焚膏繼晷的「神馳」在劇本編寫、歌曲創作、舞步排練、影片拍攝、底片修剪等的樂趣熱情中，渾然忘我，甚至忘記其他的事情，這就是熱忱的神奇力量。（照片6.2）

　　而一旦你能夠將環境的工作需要、你的天賦能力、你的心中興趣相互聯結，便能夠釋放出心流的無窮熱忱力量。這時工作的動力是來自於你的內心，這時便不需要管理者或經理人的外力監督。我們說內在動機是來自你內心的熱忱，就是這個道理。

照片6.2　熱情就表現在V2（victory vitamin）的慶城街一號中

　　我們每個人的生命，不是正應當綻放出個職涯生命的熱忱嗎？去做你所愛的工作，去愛你所做的工作。用你的熱忱來轉動你所在的世界吧！甚至是改變並轉動這個世界，你的生命召喚就是在這裡開始啓動。例如：以利亞說：「我爲耶和華萬軍之神大發熱心。因爲以色列人背棄了你的約，毀壞了你的壇，用刀殺了你的先知，只剩下我一個人，他們還要尋索我的命。」這就是熱情的例證！

　　請記住，請及早發覺被你看做是了無生趣或只是玩樂的事務，請千萬不要低估「及早醒悟」的重要性，即使是平凡的你，也可以轉變成爲快樂的職涯人。

6.3　期望達成目標

　　你努力工作的背後，都期望可以獲得豐厚的工作酬勞，進而達成你的某些目標，這是你在工作上的期望。準此，我們便可以透過弗隆（Vroom）所提出的**「期望理論」（expectancy theory）**，又名**「成果－工具－期望」理論**，來認定你會努力工作的程度。換句話說，你之所以願意、努力去進行某一項行動（例如，努力工作），也就是你工作意願的強弱，是來自於你對於進行這項工作行動後，到底能夠獲得多少結果，這項結合是否合於你的期望，乃至於這項結果對於你的吸引力的強弱程度。

　　簡單說，「你的努力」會影響「你的績效」，「從當中獲得的報酬」再影響「你的目標達成」。這當中會牽涉到三個因果關聯，也就是「你的努力和你的績效的因果關聯」、「你的績效和獲得報酬的因果關聯」、「獲得報酬和你的目標的因果關聯」三方面。說明如下（參見圖6-1）。

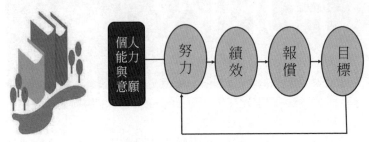

圖6-1　期望模式內涵

「你的努力」正向影響「你的績效」，「從其中獲取的報酬」再影響「你的目標達成」。

一、你的努力正向影響你的績效

　　這是你的努力能夠產生你的績效，達成「一分耕耘、一分收穫」的成效。這時職場的管理工具有兩項：

1. **執行目標管理（management by objectives, MBO）方案**：透過你的工作目標設定，乃至於和其他人的共同參與，訂定具體的工作目標，並自我要求在期限內完成，且回報工作績效。這時你需要透過目標管理的目標設定方式，來提高並且確保你的努力，可以達成所設定的績效。因為透過目標設定，可以定出高且可攀的目標，進而協助你達成所要達到的目標，同時產生滿意的工作績效。

2. **執行工作認同（work recognition）方案**：對於你的工作表現，時常給出自我肯定的讚賞。就是當你完成某項工作績效時，先不論企業主、師長、學校或是父母有沒有給出報酬，你需要先給自己工作認同，自我獎賞來自我打氣。例如，你送給自己一份小禮物，或是自我打氣的

讚美自己說：「你做得真棒，超強的」，進行正面增強。如果情況許可，更是可以集合多位同事，組成工作小組，或是工作品管圈，透過互相激勵的方式，提高大家的工作認同，進而提高團隊的工作績效。

　　例如，在32歲取得博士學位後，我擬定一個10年國立大學教授計畫。包括三個目標，升等副教授、升等正教授、轉換到國立大學。每一個目標計畫在三至四年內完成，至於先升等或是先換學校則是設定先升等，當然也不排除當時的一些好機會。因此我就在32歲取得博士學位後，36歲升等中經院副研究員、39歲升等研究員，同年轉進到銘傳大學任職副教授、41歲升等正教授、43歲進入國立東華大學任職正教授，完成10年國立大學正教授的計畫目標。

　　在升等計畫中，則設定「7-11原則」，須完成7到11篇論文。平均數是九篇論文，也就是每年需有三篇研究論文。為達成這個目標，我將中華經濟研究院設定的研究員年度績效評鑑標準：「一論一研」，一篇論文加一項研究計畫，擴大成為「二論一研」，並且要將研究計畫改寫成論文。這樣每一年就會產生三篇論文，三年就會有九篇主題論文，來符合升等的標準。在實際操作上，我更將其中的一篇標準論文，拆解成兩篇小論文，這樣就能有產生第十篇、第十一篇與第十二篇論文。

二、你的績效正向影響報酬取得

　　這是你的績效能夠從當中獲得企業資方給予的報酬，進而破除社會賦閒效果的吃大鍋飯迷思，這時可以採用的管理工具有兩項：

1. **經由變動薪酬機制**：你個人的工作績效在企業的變動薪酬制度中獲得認可。例如，透過績效獎金制度、工作目標獎金制度、利潤分紅制度等制度，你的績效便可以獲得報酬，進而達成卓越的工作業績。當然，並不是每一家企業的薪酬制度都能夠使你獲得激勵。這時候你需要主觀認定你的工作績效的價值，進而給出適當的正面增強。

2. **經由技能薪酬機制**：你個人工作績效在企業的技能薪酬制度中獲得認可。例如，透過高技術水準的使用，達成高績效，給定高額的報酬，從而提升相關的工作技能。當然，並不是每一家企業的薪酬制度，都

能夠使你的高技能獲得獎勵。這時候你需要主觀認知你的高技能的價值，並給出適當的正面增強。

例如，我已經認知好，當績效沒有辦法產生如期報酬的時候，我先學習認定知覺上的報酬。因為就當時教育部給定的績效標準，助理教授6萬5千元、副教授8萬1千元、教授9萬7千元。教師升等副教授或升等教授後，僅約加薪一萬餘元。薪水上的差距並不巨大，僅相當於多開一至兩門的日間大學部（三學分）課程。甚至很可能不如一門碩士在職專班課程的鐘點費。但是，我已認定升等教授，會有崇高的價值，這是知識的累積成果。而不能光用金錢來衡量，這是個人教育使命的里程碑。這樣來說，我的個人論文上的「篇數績效」，就足以正向的影響我升等後所取得的「知覺報酬」。

必須指出的是，就當時而言，中華經濟研究院研究員的薪水，是當時國立大學教授薪水的1.3倍。也就是說，從中華經濟研究院跳槽到國立大學，薪水是明顯的減薪，足足打了七折至八折。我必須要說服我自己，我擬定的國立大學正教授計畫，絕不是為要加薪，而是有著更高的「**知覺報酬**」，是為追求自我實現。

三、報酬取得正向影響你的目標達成

這是你所獲得的工作報酬，能夠滿足你的目標，這時可以採用的管理工具有兩項：

1. **經由彈性福利設計**：你的工作報酬在企業的彈性福利制度中獲得認可，也就是透過各項工作獎金、獎狀獎盃、在職進修、休假安排、升遷升職、海外調職、特別福利的制度設計，你能夠各取所需。因為在各階段的工作生涯中，每一個人的需求各不相同，有人期望固定工時，能夠準時下班回家，照顧幼童或年邁的父母親；有人期望休假，能夠陪伴家人旅遊度假，或是和情人約會；有人期望進修充電，能夠享受學習和成長的樂趣；有人期望獎金，能夠多少貼補家用，或是添購家電；有人則期望公開頒發獎狀，能夠獲得掌聲，或是美好名聲。這時，當前述有形或無形的工作報酬，不論是金錢物質或是心理讚

美，甚至是名譽獎狀，若是和你的努力目標，能夠相互一致，就能夠促使你進一步的付出，做出更多的工作努力，持續貢獻。

2. **經由工作再設計**：你的工作報酬在企業的彈性福利制度中獲得認可，也就是透過工作分享、工作分擔或彈性工時的制度設計。在**工作分享制度（job sharing system）**中，你能夠和他人共同擁有一份工作，每天只需要工作半天。這種設計，對於家中若是有國小三年級以下的幼童的職業婦女，就能夠有半天的時間回家照顧小孩。在**彈性工時制度（flexible work-time system）**中，你更能夠提前或延後上下班1-2個小時，來避開上下班時段的塞車的車潮。

例如，我已經認定：完成一篇學術論文，或是寫完一本專書，會有許多的價值，這是「立言」的不朽事業。這份價值，不能單用金錢來衡量，這是職涯使命的實踐。我不去管一篇論文寫出來，會有多少人閱讀。因為也許需要十年後、二十年後才會有衝擊影響。我也不去管一本專書撰寫出來，會有多少本銷售量，這是書商的問題，不是我的問題。我也不去管現在是數位時代，紙本書的銷售崩跌，這也是出版社的問題，不用我去傷腦筋。經過此一思考，我才能夠回到職涯的使命上，努力完成自己的作品。如此我才能夠運用這些主觀上的「知覺報酬」，來呼應自己的「工作目標」，進而心無懸念的持續努力，完成論文和專書的寫作生涯，同時也無愧於上帝賜給我「研究人」的天賦能力。

總言之，我是一個目標導向的「期望理論」應用者。我透過努力撰寫論文、論文出版、加薪和升等，來達成個人目標，再繼續努力寫論文或專書的期望正向循環，持續的自我激勵。如今我已經年歲六十有五。回首過往三十年，不知不覺已經完成一百四十餘篇具有匿名評審的國際學術期刊論文，其中更有超過五十篇是具有SSCI或TSSCI等級，優質的國際學術期刊論文。這些論文絕大多數都是親力親為，個人享受撰寫論文、修改論文和投稿答辯的樂趣。同時，我也撰寫出二十六本專書，貢獻給學術界和教育界（請參見附錄三：**作者撰寫的專書26本及SSCI/TSSCI期刊論文52篇**）。同時於民國111前再次升等，成為「特聘教授」（Distinguished

Professor）。我的内心感到十分的高興，更感謝上帝的大大賜福。同時我更可以說，在工作職涯上我已了無遺憾。（照片6.3）

照片6.3　特聘教授兼所長是期望達成目標的一環

第七章 職涯策略與市場分析

職涯寫真

在學習與成長的過程當中，周遭的環境依然瞬息萬變。這時如何管理環境，形成策略，成就槓桿，這是現階段的重要課題。於是有了本書的第七章：「職涯策略與市場分析」專章。包含總體策略、任務策略、槓桿策略三個方面。

策略工具的使用，就有如電腦遊戲的升級版，會使你的單車變成摩托。這包括總體策略、任務策略和槓桿策略，三個重要部分。

7.1 總體策略定乾坤

你怎樣才能夠適應環境、市場變化？而能夠保持獲利呢？這就要從「策略」（**strategy**）或稱「謀略」，來著手。因為「形勢是客觀的，成之於人；力量是主觀的，操之在我」。能夠適應總體環境情勢，並依照情勢制定策略的人，就能夠知己知彼，達成百戰百勝。因為智慧必以謹慎為居所，又尋得知識和「謀略」。智慧會使愚拙人謹慎，使少年人有知識和「謀略」。而「謀略」必定護衛你，智慧必定保守你。

> 形勢是客觀的，成之於人；力量是主觀的，操之在我。

你是否有足夠的智慧，能夠把握住當時的機會，來形成優勢助力，這有賴於是否做好環境因應的策略。這當中包括適應總體大環境的PEST因應策略，和專注任務小環境的Porter五力因應策略兩大部分（參見圖7-1）。這就形成探討環境的因素如何使你做好環境變化的對應策略。這裡先說明總體大環境的PEST因應策略：

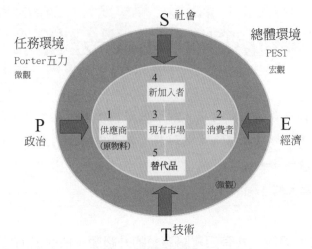

圖7-1　總體環境分析架構

　　總體環境**PEST因應策略**（**PEST strategy**）是由艾丘勒（Aguilar）
所提出，是探討**政治上**（**political**）、**經濟上**（**economic**）、**社會上**
（**social**），以及**科技上**（**technological**）的環境因應策略。上述四項總體
環境因應策略，它的英文第一個字的縮寫就是「PEST」。PEST因應策略
是從事環境管理的生活應用時，環境面向的重要分析工具，能夠幫助我們
探討總體環境下管理的因應對策。釐清這些內容就能夠探究總體環境的變
動、個人所處環境的態勢、潛力和努力方向的意涵，以及應對的策略方
案。說明如下：

> 總體環境策略包括政治、經濟、社會及科技面的PEST對策。

一、政治環境

　　第一是政治環境，這包括政黨傾向、政治安定、政府租稅規範、勞工
就業條款、環保規章和關稅規定等。例如，所得稅和土地增值稅的規定，
以及執政黨的政策取向等，這些都會影響到你的消費信心和生活幸福指
數。

　　換句話說，政治環境的構成環節，包括「權」和「力」兩方面。是指

權和力的隸屬和配置，它明顯會影響到你的生活方式和活動內容。說明如下：

1. 政治環境中的「權」

首先，在「權」的方面，包括權力的隸屬和權力的配置兩個方面。這當中的權力隸屬包括：總統或國家領導人的政黨歸屬，行政院長、首相或閣揆的政黨歸屬，以及採行總統制或內閣制等政治制度。至於權力的配置則是指立法院、參議院、眾議院、縣市議會等各級民意代表中，各個政黨的席次分配數量和比例。這明顯會影響到權力結構、執政黨勢力的強弱，和政治安定力量的高低等。

2. 政治環境中的「力」

二者，在「力」的方面，包括力量的強弱和力量的走向兩個方面。這當中的力量強弱是指政府施政上，實施管制的力道強勢與否；至於力量的走向則是指政府施政上的大方向，這明顯會影響到政府租稅規範、所得重分配、勞工就業條款、環保規章和關稅規定的內容。

例如，在台灣的國民黨（藍）或民進黨（綠）不同政黨執政下，明顯會在政治和經貿活動中，出現「親中」或「親美」；出現「西進」，親近大陸或是「南進」，親近中南半島，呈現方向上的明顯差異。也因此帶出迥然不同的政策對案。

例如，在馬英九執政的時期，國立臺北大學國際企業研究所，曾經舉辦多場大陸的廣州、深圳、港澳、杭州、蘇州、寧波、鎮江、宿遷、北京等地，師生一起參訪大學和企業的活動，充分展現「西進」的政治正確。然而，自蔡英文和賴清德執政後，便不再舉辦任何前往大陸的參訪活動；同時在招生上，則是明顯的轉向「南進」，積極並歡迎中南半島地區的學生，而不再熱衷於大陸學生來台，充分展現出政治正確。

二、經濟環境

第二是經濟環境，這包括經濟制度、經濟成長、物價、房價、利率、匯率、失業率和股價指數等指標。乃至於國際經濟合作和國際經濟局勢。例如，美中科技競逐、美中貿易戰、全球新冠肺炎疫情紓困、美國寬鬆貨

幣政策、歐債危機、全球金融海嘯和全球股市災難等。這會明顯影響到我
們個人的消費意願和實質的購買力道,以及資金分配的結構等內容。

　　換句話說,經濟環境中的經濟指標,是包括一般市場和特定市場兩部
分。說明如下:

1. 經濟環境中的「一般市場」

　　首先,一般市場是指財貨市場,衡量指標主要是國民所得、物價水平
和經濟景氣循環指數,這些都是核心衡量指標。

　　例如,若以台灣的平均每人國民所得30,000美元來計算,即可換算成
90,000元新台幣(以匯率1:30計算),以及每月平均60,000元的薪資水平
(以12個月加3個月年終計算)。這個數字略高於主計處公布的113年1至4
月,工業及服務業每人每月經常性薪資(64,000元)。

2. 經濟環境中的「特定市場」

　　二者,在特定市場方面,這包括貨幣市場、匯率市場、勞動市場和
股票市場四個大市場。這當中分別使用利率水平、匯率水平、失業率水平
(或平均薪資水平)和綜合股價指數。做為代表性的衡量指標,這和國計
民生實在是息息相關。

　　例如,若以台灣的1.8%房貸利率計算,貸款1000萬元的三十年期房
貸,每月需還款35,173元,連續30年、360期。此時若中央銀行利率調
升,連帶將房貸利率提升至2.0%的水平,則在相同條件的每月還款額即
需36,962元,如貸款1000萬需要月還到36,962元的水平,這相當接近一位
30歲青壯人士的工作薪資全額,貸款壓力十分龐大。

三、社會環境

　　第三是社會環境,這當中包括:人口密度和成長率、年齡結構、健康
意識、工作態度和工作安全需要,以及人口遷移和文化演進情勢等。

　　換句話說,社會環境包括自然環境和人文環境,共二個方面。說明如
下:

1. 社會環境中的「自然環境」

　　首先,自然環境是指自然地理環境,通常包括地形和氣候兩個部分。

在地形上，是探討大陸板塊或是海洋島嶼、平原或是山地，的地形影響因子；在氣候上，是探討氣溫是酷熱或是寒冷、氣候是乾燥或是濕潤，等的影響因子。

　　例如，台灣是屬於海洋島嶼、多山地形、高溫潮濕的海洋型氣候，這結果會使人民培養出積極樂觀、彈性應變的生活態度。

2. 社會環境中的「人文環境」

　　二者，在人文環境是指人文地理環境，就是各個人口統計變數。包括：人口數量、種族膚色、男女性別、年齡分布、教育學歷水平、職業類型、婚姻狀況、所得水平、宗教傾向等子項目。其中宗教帶給人們信仰，宗教是在信仰超自然力量的基礎上，生成共有的信仰、活動和制度。而形成人們生活的基礎，並且提供人們處理事情的基本態度。在教育水平上，教育是培養國民基本公民素養，待人接物的價值觀，和專業能力的重要過程。教育更是一個人進入社會前的準備工作，這有利於建構一般性和專業性人才，社會中國民教育水平的高低，能夠探究出一個人的人力資本高下，乃至於形成員工的專業技術和工作生產力高低，這方面的重要指標。

　　例如，在台灣20歲的青年人中，已有幾近九成的人接受大學教育，這一個比率已經遠遠高於歐美等已開發國家（他們通常僅有三成至四成）。在產業界無法相對提供如此高的大學生就業機會中，不可避免的有超過一半以上的大學畢業生，無法獲得大學程度的工作機會，僅能屈就於高中職學歷就能夠勝任的工作機會，自然相對壓低薪資水平，從而大學生平均起薪30K，甚至低至28K或25K的情形時有所聞。

　　例如，在宗教方面，基督教、回教和印度教的信仰人口，已占去全球人口的三分之二。這當中，基督教（含天主教）的人口則占全球人口數的三分之一，是最大的宗教信仰；回教人口占全球人口數的五分之一，是第二大的宗教信仰；至於印度教則排名第三，占全球人口數的七分之一。

四、科技環境

　　第四是科技環境，包括生態和環境方面，決定進入障礙和最低有效的生產水準，影響委外購買決策。科技因素著重在研發活動、自動化、技術

誘因和科技發展的速度。例如，新科技發明導致降低進入障礙，影響外包決策。

換句話說，在**技術環境**方面，包括技術取得和技術利用兩部分。在當中，技術取得就是指技術的取得和學習，這包括外部取得和內部取得兩者。在外部取得上，就需要探究取得技術授權、技術學習、技術移轉的品質和內容；在內部取得上，就需要探討取得專利權、自力學習、研發聯盟和透過學位取得相關技術的品質和內容，以及個人或企業的研發能量和取得技術獎勵補助的內容。

至於**技術利用**方面，這包括技術儲存和技術運用兩大部分。在技術儲存上，是探討平均教育水準、證照取得張數、通過各種考試和檢定的情形；技術運用方面，是需要探討運用科技的能力、運用資訊科技的能力、運用策略聯盟，使用他人技術的情形和提升生產力效率的程度。

再次重申，現在個人所面對的世界，是一個「既平又擠」的世界，世界上每一個角落上所發生的事情，都會和每一個人相互關聯。也就是說，個人所面對的環境是個國際性的地球村環境，這是一個多變的環境，需要個人掌握環境變化趨勢，並且勇敢的去面對它，這就是個人化的「偶然力」。也就是我們如何化總體環境的「偶然」機遇，來做成個人機會的能力。

例如，我在中華經濟研究院從事研究工作的時候，每當完成一項研究計畫後。我的主管許志義主任便協助我，一起將研究成果改寫成英文論文，投到國際學術期刊發表。這在當時的學術界，是較少見的舉動。

許志義老師告訴我這樣做的理由有三點：第一，用英文撰寫論文，能夠流通到歐美等先進國家；而使用中文撰寫論文，則只能在台灣流通。文章的能見度明顯有差別，這樣可以提高論文外觀的有形性；第二，中華經濟研究院有聘用外籍人士擔任英文秘書，他英文程度甚佳，可以免費為你修改學術論文，增加論文英文用語上的可靠性；第三，歐洲學術界對於台灣和亞洲國家都相對的陌生，若是能夠及早將台灣的實證研究，送往歐洲地區發表，必定能夠提高被對方接受的機會，這攸關論文的反應性。經過許老師的指點，使我相信每一篇論文，都能夠認定它有美好的品質，並且

用滿懷希望的熱情來寫作和投稿，這形成美好的良性循環。

　　後來，我們的文章陸續在歐洲的國際學術期刊中發表（特別是亞洲金融危機的那幾年），得以開創出全新的學術研究藍海。我更因為持續努力研究，如願升等正研究員，並轉換到大學升等正教授。以及後來轉換到國立臺北大學擔任正教授和特聘教授，這些都是上帝的美好祝福。

7.2　任務策略打江山

　　胸懷全球宏觀視野，落實處理周遭事務，千里之行，始於足下。

你希望在你未來的三年中，從事何種業別的工作？

　　對於一個人所處的任務環境的探討，就是你工作的部門單位和行業環境，可以依據波特（Porter）所提出的Porter**產業競爭五力分析（Porter five forces analysis）**為策略架構。其中的五力分析是指五股競爭作用力，是對你在該工作的部門單位和行業（或產業）影響的強弱，對策略決定具有一定的支配力量（Porter, 1980）。透過這五種作用力的探討，可以釐清你所處行業（或產業）的結構，以及任務競爭環境，找尋各種作用力對於行業（或產業）競爭態勢的影響程度。你若是受到這五股競爭力量的壓制愈大，就愈不容易生存、獲利和成長茁壯，這就是呼應「形勢比人強」這一句話。

　　波特（Porter）的五大作用力就是你所面對的五種市場競爭力量，包括：供應商的議價力量、消費者的議價力量、現有競爭者之間的競爭狀況、新加入者的威脅，以及來自替代品的威脅。這些競爭力量的來源，可以區分成垂直層面和水平層面，其中的垂直層面，是包括供應商的議價力和消費者的議價力兩個方面。至於水平層面，則包括替代品之競爭、潛在進入者的威脅，以及產業中的競爭者三個方面。說明如下：

> 波特產業競爭五力分析包括：供應商的議價力量、消費者的議價力量、現有競爭者之間的競爭狀況、新加入者的威脅，以及來自替代品的威脅。

一、在供給方（供應商）的議價能力

首先，是對**供應商的議價能力**（**supplier bargain power**）。就是你個人（或工作的企業）在取得或購置原料或資源，來從事生產活動的時候，對於供應方能夠進行討價還價的程度。例如，個人取得原物料的價格水平、取得資金的銀行貸款利率、取得土地資源的房租（地租）價金、取得勞力資源的保姆費、托育費、安養費和工作條件等。

這一個議價能力關係到資源的取得成本，基於每一個人都會有成本考量，希望能夠壓低成本，來取得競爭上的更大優勢。因為資源供應者能夠透過提高勞力、資本或零組件價格，或降低品質，來給採購方壓力。如果個人沒有辦法隨著調整售價（例如，薪資或價格），來吸收因而被墊高的成本，則超額利潤就會轉移到資源供應者的手中。從而供應商的議價力量，就會明顯影響個人在市場上的競爭力。

例如，我的兒子在大學畢業時，他經過仔細盤算後，決定住在家裡面和爸爸媽媽和睦相處，以便能夠省下租屋、水電、洗衣等支出，以及餐飲等費用。這樣做，他相當於提高自己對供應商的議價能力。這在台北市的都會區中，在外面租房子和生活開銷的費用，保守估計每個月需要一萬五千元。這樣一年12個月，就至少可以省下18萬元以上。因此，我們家兒子在工作初期薪資微薄（僅三萬元）的情況下，也能夠努力達到儲蓄的目標。

果然，他第一年月存1.5萬，12個月就18萬，加上年終獎金就存下20萬；第二年還是月存1.5萬，12個月就存18萬，同樣加年終獎金就存20萬；第三年月存2萬，12個月就24萬，加上年終獎金就存下26萬；第四年月存2萬，12個月就24萬，加上年終獎金就存下26萬；四年下來就存了92萬（20+20+26+26=92）。再加上大學時期和當兵存下的8萬元，再進入社

會四年後，就存下職涯的「第一桶金」（100萬）。可以進行個人理財，朝向財富自由的方向邁進。

二、在需求方（消費者）的議價能力

第二，是對**消費者的議價能力（consumer bargain power）**。就是個人（或企業）在消費商品時，對於商品的打折殺價能力。例如，個人購買商品時所獲得的價格折扣程度、個人聯結其他個人共同購買商品的情形、個人同時集中購買特定商品的情形等。

當個人議價能力十分強大時，對方迫於市場壓力，必定會降價求售，是以消費者議價能力是為了，衝擊影響市場競爭程度的重要因子。換句話說，這時候個人是和商品生產者抗衡，企圖強迫對方降低價格，來獲取較高的產品品質，從而促使商家互相競價，導致減少利潤。

例如，台灣的大學生人數過多，在工作供給並未能相對增加時，使得大學畢業生在找尋工作時，對於薪資的議價能力因而變差。這時只有拿出扎實的「學力」功夫，能夠真正為企業解決問題，而不是僅靠著文憑「學歷」，方能夠爭取到比較優渥的薪資待遇。再如，在就業市場，若是能夠修習特定的專業學程、擁有學業成績優良獎項、考取相關職業證照，甚至是擁有特定的競賽優勝成果，就可以增加在薪資上的議價籌碼，提高消費者的議價能力。

例如，我的兒子在大學時期，就鎖定為他畢業後，想要前往外商公司工作的方向來進行努力。他利用大二和大三的兩次暑假時間，都事先主動聯繫相關單位，前往美國密里蘇達州的一家渡假旅館，各自進行為期兩個月的打工度假。我的兒子除了在這當中努力練習英語，以及獲得寶貴的工作經驗外，並且結交歐美各國的學生朋友，並且樂在其中。在同一時間，他因為兩個暑假都去同一家度假旅館打工，因此獲得該旅館主管的認同和賞識。在第二次（大三暑假）時，他便獲得管理職位，得以管理督導這30-40位，來自世界各地的學生打工族的工作。我的兒子這樣的操作，便能夠提升他在畢業後工作上的議價能力。也因為這兩次的海外特殊經歷，使得他在大學畢業後，就順利的進入外商公司來工作。（照片7.1）

照片7.1　小兒子大學暑假期間到密蘇里州度假打工兩次

三、在現有市場中的競爭程度

第三，是**市場競爭強度（market competitive strength）**。就是你個人
（或工作的企業）在同一部門或行業內的競爭程度高低。例如，你在同一
工作部門中的對手多寡和能力高低、你在同一工作行業中，對手的多寡和
能力的高低。

現有市場中競爭者之間的競爭強度，影響個人的獨占力量最為明顯，
這會進一步波及影響個人的利潤水平。在大多數的個人工作部門或行業，
某一個人的競爭舉動，必然會誘發他人連帶抗衡的舉動。因此，在你的工
作部門或行業中，人數或家數規模的多寡，是影響市場競爭強度的根本元
素。

例如，台灣的大學一窩蜂的增設資訊管理、餐飲管理、觀光與休閒管
理科系，這些領域的學生人數因而大量增多，導致僧多粥少，多人競爭某
一項職缺的情形，該領域的畢業生在現有市場中的競爭程度明顯提高。再
如，特殊的地政（或不動產）學系、財政（或財稅）學系、休閒與運動管
理學系等，在現有眾多的大學中，這類科系低於五個學系，屬於相對稀少
的科系。這類學系的畢業生在現有市場中的競爭優勢，便相對較高。

例如，我的兒子在大學推薦甄試時，詢問我關於選填志願的問題。他在政治大學地政系、社會系、哲學系，或中央大學企管系、資管系中，難以取捨，舉棋不定。我先確認他對這幾項專業中，都沒有任何特別偏愛的前提下。我再告訴他：在台灣眾多的大學中，有關地政或不動產類科的科系，僅有政大地政系、臺北大學不動產系、逢甲不動產系，是屬於相對稀少的科系。由於這一類學系的畢業生人數相對較少，因此，在現有市場中的競爭優勢，便相對於其他科系（如企管系、資管系），來得較高。這使得我的兒子就以政大地政系為推甄的第一志願，後來他也如願進入該學系來就讀。畢業後也順利進入地政領域的外商公司來工作。（照片7.2）

照片7.2　小兒子大學畢業後進入戴德梁行工作

四、所面對的新加入者的威脅

第四，是在**新進入者的威脅（new joiner threaten）**。就是所謂的你個人（或工作的企業）的進入障礙。例如，你在同一工作部門中，面對新進的同事；或個人在同一工作行業中，面對新進的對手等。

新進入產業的個人會對市場增添新的產能，共同分享現有市場的利益，當然也會吸走一些資源。導致影響到原有者的既有利益，需要花費更

高的成本，使商品價格降低，這時的獨占力道也已被削弱。若是潛在的進入障礙甚高，原有的業者將預期會採行更激烈的價格戰來報復；相反的，若是原有業者有能力採行價格競爭，來逼迫新進入者退出市場，便可以消除新進入者的威脅。

例如，在求職市場中，初入社會的年輕人，需要在五年內努力晉升到初階管理人員。否則便會面臨到年輕一輩的新加入者的威脅。特別是需要勞力或操作性的工作，明顯會不利於面對新鮮人的競爭，因為沒有新鮮的肝，便不得不掉入悲慘世界的淘汰職涯當中。

例如，我在為大學內的某些職位舉行面試時，看到有些大學畢業生，他們一兩年就換一個不同行業、不同部門的工作。例如，第一年在餐飲業擔任外場、第二年在旅館業擔任房務、第三年在貿易業擔任報關、第四年在運輸業擔任會計、第五年在音樂公司擔任公關、第六年想要來大學應徵秘書室約聘助理。但是由於過去的工作類型不同、行業各異，相關經驗和資歷無法累計。他基本上沒有辦法和同一年齡的人競爭，甚至沒有辦法和剛畢業的新鮮人競爭，我自然也不會考慮去錄用這些人。

五、所面對的替代產品的威脅

第五，是在**替代品的威脅（substitution threaten）**方面。是指在你個人（或工作的企業）中出現和現有商品功能相同，或性質相近且價格具有威脅性的商品。例如，你在工作上面對取代性的科技機械、新型的科技商品，取代個人的工作內容。

事實上，各方人士都是和生產替代品的另外一個產業，彼此競爭。基本上，替代品代表著個人化商品的最高價格，這限制著個人可以得到的投資報酬率水平。因此，替代品事實上會壓低個人的獨占利益。而若是替代品在功能和性質上和原有商品相近似，就表示替代程度較為明顯，從而威脅力道也自然就較大。

例如，在求職市場中，若個人僅僅熟悉某一項單一技術（例如，高速路通行收費、洗車技術），就可能會面臨到替代產品的威脅，就是某一項技術進步（例如，電子收費、電動洗車），而被替代的失業窘境。

　　例如，九年前，我的兒子在大學畢業後不久，考上長榮航空的飛機師。他在準備要接受為期兩年多的培訓時，我問他一個問題：飛機師這樣的一份工作會不會被機器替代。他回答說：未來或許有可能有自動駕駛的科技出現，甚至是出現無人機。但是，他很篤定的說，他深深相信，沒有人敢搭乘無人駕駛的客機來飛行。因為，這不只是能不能夠這樣做的問題，而是敢不敢這樣做的問題，這更是一項倫理的問題。不可能把200條人命放在天空上，而光靠無人駕駛來自動飛行，萬一機器出事就只能等死，是200條人命啊。由於兒子的看法非常有道理，我便同意讓他邁向飛航的職涯。現在已經過接近10個年頭，我的兒子他已經樂在飛翔，歡喜無比。（照片7.3）

照片7.3　大兒子大學畢業後到長榮航空擔任飛機師

　　總言之，波特的「產業競爭五力分析」是評估產業競爭環境的基本策略架構，這和前一節的PEST總體環境策略，可以共同用來進一步執行OT分析。就是PEST分析和外部總體環境的因素，互相結合就可以歸納出SWOT分析中的機會和威脅。因此，PEST、波特五力分析和SWOT，可以

共同作爲個人對於環境分析的基礎策略工具。以免被提點：世人哪，你們知道分辨天地的氣色，怎麼不知道分辨這時候呢？

7.3 槓桿策略單車變摩托

槓桿策略主要是指**SWOT工具（SWOT tool）**，它是由威瑞斯所提出，是執行環境管理的重要工具，其強調個人的資源能力需要配合周遭環境的機會，來發揮槓桿力量。SWOT已經在本書第四章中提過，這裡不再重複說明。

在這裡要再一次指出的是，當你面對台灣社會和全球的大環境，就需進行策略探討，透過屬於你自己的「環境策略」，來追求美好職涯。就如現在外界自然環境劇烈萬化，例如：台灣和日本地震、中國和美國暴雨、新冠肺炎的疫情，都是在無預警下猛烈的爆發，嚴重波及社會大眾。還有在經濟金融體系中，有全球通貨膨脹、俄烏戰爭、以巴加薩戰爭延燒、美中科技戰、中國經濟體崛起、美國財政懸崖、美國和日本實施寬鬆的貨幣金融政策、金磚四國的興起等，這都明顯衝擊影響到你我所處的世界和台灣。然而，你會發現就算是處在環境風暴當中，有人倒下一蹶不振，有人卻能夠挺住而屹立不搖。這其中關鍵就在於「環境策略」，就是面對環境變化下的處理對策。其中最具體的能力，就是SWOT對策的決斷力。這當中有四個分項：

(1) **攻擊策略**：當發生機會對照優勢時。你需要抓住外界環境存在的擴展機會，來搭配你自己具備的優勢，透過**「攻擊策略」（offensive strategy）**，來發揮你的個人優勢，抓住機會，產生倍增力道，發揮**「槓桿綜效」（leverage effect）**，產生**「一加一大於二」**的槓桿作用。

例如，由於我的文字撰述能力是屬於優勢，當需要依靠繳交報告的內容，來賺取評分的機會時（例如，大學社會責任計畫的校級配合措施），自然就是我大顯身手的時候。

(2) **防禦策略**：當發生機會對照劣勢時。若是在外界環境機會，剛好

對應到你的劣勢，那你就要採取守勢的「**防禦策略**」（denfensive strategy），此時無法發揮槓桿效益。

例如，由於我的英語口說能力相對較弱，當商學院有英語授課的機會時（例如，教育部的英語教學強化計畫），我自然無法好好把握。

(3) **調整策略**：當發生威脅對照優勢時。相反的，若是外界環境威脅，剛好對應到你的優勢，那你就要採取守勢的「**調整策略**」（adjust strategy），此時無法發揮槓桿效益。

例如，我居住在具有抗震設計的房屋內，就不怕強烈地震的來襲。

(4) **求生存策略**：當發生威脅對照劣勢時。相反的，你遭受到環境威脅，同時剛好對應到你的劣勢。這時需要避免正面迎接這項威脅，而應該採取「**求生存策略**」（survive strategy），強力閃躲來逃脫求生。

例如，由於我並不會游泳，因此我也盡量避免前往海邊玩水，以免遭遇溺水意外。

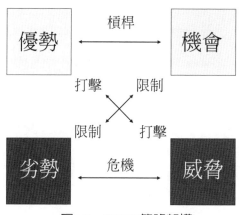

圖7-2　SWOT策略架構

第八章 選擇比努力重要

職涯寫真　你在職涯的每一個階段，都需要做好決策。因為選擇永遠大於努力。在這個時候，重要事情的決策，包括相親婚姻決策、工作選擇決策、購屋決策等，影響更是深遠。這是需要做好理性決策，而不受個人情緒和心情的影響。於是有了本書的第八章：「選擇比努力重要」。

選擇比努力重要，這告訴我們做決策，要在乎決策品質。首先，用理性決策面對職涯的重大事件；用命運決策面對職涯的算命通靈；用生命決策面對職涯的終極關懷。這些都是職涯長期決策的重要課題，值得專章討論。

8.1 理性決策做大事

本章探討「職涯決策」議題，標榜「選擇永遠比努力重要」。選擇錯了，再怎麼努力也是事倍功半。選擇對了，努力就會有美好的結果。因此，你要先決定你需要什麼，再決定準則的優先順序，再用它來評估可行方案，每一個人都能夠做好理性決策。

> 你怎樣才能做出理性的決定？

「好的決策帶你進天堂，壞的決策帶你下地獄」。雖然這話說得有點誇大，但是也十分傳神。**「沒有什麼事情是必須要的，所有的事情都是一項選擇（Nothing is necessary, everything is a choice）」**，則說明了決策的重要性和無所不在。這更充分說明了你個人的決策品質高下，足能夠影

響你的工作成果和生活品質,甚至是職涯的格局。而所謂的決策品質,在於能夠洞察環境中的事件,釐清問題的本質,探究可行方案的內涵,進而選定最適切的方案。良好的決策品質,必定能如同運籌帷幄一樣,幫助你做出最佳的理性決策,不會後悔;乃至於協助你發現你的生命藍海,做出「藍海決策」,能夠事半功倍、悠遊其中,甚至是提升你的境界,能夠放下得失心,做出令人刮目相看的超然決策。

我們在為人處事中,隨時都會面臨需要做決策的情況。例如,決定要到哪一家餐廳用餐,決定要去哪一家百貨公司購物、決定是否要購買某一條褲子等,乃至於面對比較重要的決策。例如,決定要就讀哪一所大學、決定是否接下這一份工作、決定是否要赴大陸地區工作、決定是否要迎娶或嫁給對方等。在本質上,「決策」是個人為達成自身的目標,解決個人的問題,在思想和行動上的過程。這時,個人是先產生一種需求,形成一項問題,進而試圖解決此一問題,進而開始搜集資訊,尋找解決方案,最後產生決策行動。

「理性決策模式」(rational decision model)是由賽門(Simon)所提出,強調決策是基於一個人的限制理性,進而會經過以下五個階段。包括:確認問題本質、確認決策準則、列出可行方案、評估並選擇執行方案、決策後評估作業。透過這五個階段,便能夠探討影響一個人決策中的各個環節(參見圖8-1),說明如下:

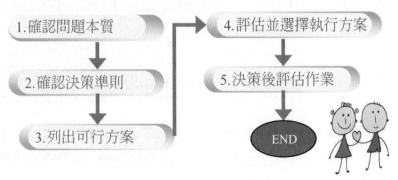

圖8-1　理性決策模式

一、確認問題本質

　　第一步是確認問題。因爲「問對的問題」永遠是解決問題的第一步。進而從這裡開始搜集資訊、評估選擇方案、選擇行動方案、決策後評估等決策相關動作。因爲我們一旦起心動念，生出想要或需要，必定會連帶牽動、試圖做下決定去滿足它。這時我們的確認問題，便是直指一個人怎樣解讀日常生活中所碰到的問題，這明顯關係到管理能力的高下，不可不愼。

　　你我都是決策者，你的決策方式和決策品質的高低，明顯會受到自己的感覺和解讀所影響。在實務上，你通常需要先去感受到這是一個「**問題**」（problem），才會接著去認定，現在需要做出「**決策**」（decision）。換句話說，所謂的「問題」，就是你自己心目中的理想狀況，和現實狀況的「差距」。至於「決策」，則是從兩個或兩個以上的方案當中，挑選出一個相對較佳方案的行爲。你若是要做出好的決策，你就需要先去確認「重要」的問題。同時，去確認「明顯有利於決策者」的問題。也就是說，確認問題實在是非常的重要。

　　問題確認通常可以分成三種情形。第一是需求增加，例如，工作升遷或薪資提高；第二是供給減少，例如，牙膏用完或汽車拋錨；第三是假性需求，例如，被廣告代言影響使得想要買某一件商品。說明如下：

1. **需求增加**：需求增加是指你覺得有需要做某一件事情，或是購買某一些商品。這時是當事人的心中理想改變的情形。也就是你覺得心中的期望或理想，已經和現實的狀況有些差距。例如，你一旦獲得加薪或是升遷後，你會覺得以前的服裝、行頭和機車，已經無法襯托出現在你的身份和地位，於是你就會想要購買名牌的服裝，或是換一輛進口轎車，來展現自己現在的身分和地位。這就是「**確認需要**」（need identification）。繼續以前的例子，你在加薪或是升遷以前，身分地位較低而需求較少，在當時理想仍然等於現實；後來你獲得升遷和加薪後，使得你的需求提高。在供給並沒有改變的情況下，你現在內心的需求高於現實的供給，從而你想要購買名牌服裝和進口轎車。同時，

在升遷或加薪以後，你覺得需要對自己更好一點，你自然會花錢到國外去旅遊，也會到美容診所去做醫美。

2. **供給減少**：供給減少是指你覺得外在物品用完或是破損，因此有必要做一些改變，或是購買新的物品。這時是你的現實狀況改變的情況。現實狀況改變是指現在的狀況（數量）減少，或是價值降低，低於以前的情況。例如，牙膏用完、衛生紙用光、衣服破洞、褲子的腰圍不合、機車破損、電腦破舊等。雖然這時你的需求並沒有改變，但是供給卻是已經減少（如舊機車的引擎故障），從而這時的現實供給低於預期的需求，這就是**「確認供給」**（supply identification）。繼續先前的例子，你的機車無法發動，再加上現有市面上的引擎系統，沒有辦法和舊機車的引擎相互配合。因此，沒有辦法修復，從而你想要再去購買一台新的機車。

3. **假性需求**：「假性需求」是指你因為受到廣告、外表或促銷的刺激，進而產生想要做某一件事情，或是想要取得某一項物品。在這個時候，特別是在確認問題的階段，需要探索你自己的內心，也就是去問自己，我真的「需要」去做這樣一件事情嗎？「需要」去處理這個問題嗎？還是我只是受到環境、別人或廣告的誘惑和刺激，而產生的「想要去做」的「假性需求」而已呢？例如，我真的有需要去買一部汽車來代步嗎？還是因為看到別人都買部汽車，所以自己也想要買一部汽車？或是因為看見汽車廣告，受到刺激，而想要去買這一部汽車。另外，也要去問自己：我是真的有需要結婚，而去交男（女）朋友？還是因為剛剛失戀，想要填補心靈的空虛，想要打發時間的空缺，而去交男（女）朋友？對於這些問題，實在是有必要先去想清楚。

例如，博士畢業後，我在中華經濟研究院工作了兩年，來完成我在先前申請帶職帶薪攻讀博士的義務。那時，我興起一個念頭（需求增加），想要去大學教書。也透過我的交通大學的指導教授，幫我推薦而找到元智大學的教書工作。但那時卻是事有蹊蹺，我到元智大學面試兩次，卻分別在中經院門口和台北火車站都巧遇許主任。我在中華經濟研究院工作的直

屬上司（許主任）卻強烈反對我離職，他使用「情理法」三個方面，勸我不要離開中經院，特別是在感情面，勸我不要在院長退休年離開，傷院長的心，因為當年是院長特別推薦你入職中經院，這時我面臨了一項抉擇，我尋求上帝的引導。想起上帝告訴我說：你要順從你肉身的主人，好像順服基督一樣。在經過一番的天人掙扎後，我決定順服我的上司，好像順服上帝一樣。我放下了我想要擔任老師的心願，來等候上帝的時間。

很奇妙的，就在這時候（已經是五月底，過了申請國外大學留學的時間），有一位從美國史丹佛大學來的余序江（Oliver Yu）教授來中經院，他和許主任有若干認識，剛好那時我需要發表論文，許主任就安排這位余教授擔任論文的評論人。很奇妙的，在余教授評論完論文後，許主任跟余教授探詢我在美國工作的可能性。余教授笑著說，他剛好有個研究計畫想要找個亞洲地區的博士後研究人員，熟悉亞洲事務的人來處理，就錄取陳博士吧。上帝的安排真是巧妙，他關上一扇門，但卻開了另外一扇窗。所以我能夠有機會到美國史丹佛大學去做博士後研究，學習用更寬廣的角度看事情。上帝的作法真是信實，我只能用心感謝上帝。（照片8.1）

照片8.1　不去元智大學任教，改去史丹佛研究院（SRI）做博士後研究

二、確認決策準則

在做決定時，一個人一旦確定了問題的所在之後，就必須先確定決策準則。也就是確認決策的偏好內容。這時需要先確定決策準則，而不是擬

定決策方案的內容。理由是只有一個人先行確定好決策準則，才不會錯誤設定沒有效用的決策方案，也就不會去設定一些根本不是自己想要做成的決策方案。因此徒然浪費時間，也誤導決策的方向。這一點是在理性決策時，經常犯下的錯誤。例如，當一個人確定要買部汽車時，就先去逛汽車展場；當一個人確定要買台手機時，就先去手機展售商場看手機；當一個人確定想要交男（女）朋友時，就直接去報名參加男女交友派對等。這樣的做法明顯和賽門的理性決策法則互相牴觸。

　　這時的決策準則更包括非補償決策準則和補償決策準則兩種。說明於後：

1. **非補償決策準則**：非補償決策準則（**non-compensatory decision rule**）指方案中的某些特定準則沒有達到標準時，並不用其他的準則來替代。例如，找餐廳時要找具有歐洲風格的餐廳，這項準則（屬性）和距離遠近、價格高低等準則（屬性），並不能互相替代。在**低涉入**（**low involvement**）的決策中，經常使用「非補償決策準則」。這時的「低涉入」，是指一個人比較不會關心和重視的事情。並且做決定後的衝擊影響，也比較無足輕重，這多半是金額水平較低的消費。例如，買哪一種牌子的沐浴乳、選購哪一種牌子的衛生紙、要到哪一家餐廳用餐、是否需要攜帶水杯等。至於「低涉入」的判定，通常是指你每日平均收入金額以下的消費行為。若你的月收入為60K，便可以換算成你的日所得為2K，也就是兩千元以下的消費，便算是低涉入的決策。若月收入提高為90K，則變成三千元以下的決策。餘類推。

   至於非補償決策準則的個數，則通常是一個或兩個準則。說明如下：

   (1) **一個準則**：在低涉入的日常事務決策中，最常採用一個準則來挑選可行方案。這時是根據你認定的（最重要的）準則，來挑選出表現最佳的方案。例如，選位置最靠近機場的觀光旅館、選價格最便宜的中式餐廳、選抽取次數最高的衛生紙品牌、選贈品最多的洗髮精牌子等。而當最重要屬性的表現難分軒輊時，便採用「**逐次比較法**」（**sequential comparison method**），轉而用第二重要的準則來挑選，餘類推。這就好像是英文字母的排列順序，故又名「**字典**

法」（lexicographic heuristic method）。

(2) **兩個準則**：在低涉入的決策中，也有採用兩個準則的情形。這時可以採用**「聯集法」**（conjunctive method），就是如同「聯集」的精神，是在兩個屬性中，只要具備一個可行的準則，就會選擇這項方案。例如，午餐選價格低於120元，或是有拉麵的商家。也可以採用**「交集法」**（disconjunctive method），就是如同「交集」的精神，是在兩個準則中，至少需要兩個標準都同時被滿足時，才會挑選該項方案。例如，超市的牛奶依照容量大小和是否有特價或贈品來挑選。洗髮精總價選不超過二百元且有品牌知名度的商品。

2. **補償性決策準則**：**「補償性決策準則」**（compensatory decision rules）是指方案中的某些特定準則沒有達到期望時，可以透過其他的比較令人滿意的準則，來加以替代、補足的情形。例如，購買轎車時的馬達動力高低的準則，便可以用車內空間容量大小、價格高低等準則（屬性），來相互替代。

在**高涉入**（high involvement）的決策中，則是使用「補償決策準則」。這時的「高涉入」，是指當事人比較會關心和看重的事情，並且做決策後的衝擊影響，也比較深遠。例如，購買哪一種牌子的汽車、選購哪一種品牌的平板電腦、要到哪裡去旅遊度假、要購買哪裡的房地產等。至於「高涉入」的判定，通常是指每日平均收入金額以上的消費行為，若你的月收入為60K，便可以換算成日所得為2K，可得知兩千元以上的消費，便可以看做是高涉入的消費。若月收入提高為90K，則變成三千元以上的決策，餘類推。

至於補償決策準則的個數，則通常是四個準則。同樣說明如下：

(1) **四個準則**：在高涉入的重要事務決策中，我最常採用四個準則來挑選可行方案。這時是採用**「加權平均法」**或稱**「屬性權重法」**（attribute weighting method），來選出最佳的方案。這時並不是每一個準則的重要性都相同，而是需要透過加權來處理。實際作法是，先設定四個準則，同時進行重要性的加權排序，再分配準則的權重。最後按照加權平均方式，進行加權計算。故稱做**「加權平均法」**

（**weighted average method**）。這時是針對各個準則，按照原來已經設算好的準則的重要性排序，來給定權重數值。然後使用加權平均法，來計算加權分數，分數最高者便是最後的選擇方案。這時四個準則的權重，是分別給定成40%、30%、20%、10%。因為個別權重的計算式，分母是10（4+3+2+1），分子分別是4、3、2、1。

(2) **三個或五個準則**：這時我不會採用三個或五個準則。就三個準則來說，分母等於6（1+2+3），分子分別是1、2、3。這時在計算上1/6和2/6都無法整除，必須借助計算機。同樣的，就五個準則來說，分母等於15（1+2+3+4+5），分子分別是1、2、3、4、5。這時在計算上1/15、2/15、3/15、4/15和5/15都無法整除，必須使用計算機。這在實務上很難操作，因為不可能在商店的服務人員面前，使用計算機計算複雜的權重和加權，而不是使用心算。

例如，就我來說，在環境多變化的情形下，許多難解的高涉入決策問題，都會令我困擾，而決定要使用補償性決策準則。一是因為涉入程度的提高，使得情感、情緒的因素，都會干擾到我的選擇決策；二是因為一旦選擇錯誤，我必須付出更大的代價，使得我很難做出理性決策。例如，面對同時錄取兩家學校、有三所大學教職可以選擇、現在要選擇哪一位相親對象、有四間房屋可以選購等。這時，就必須安靜內心，去聽從上帝的引導：「我或向左或向右，我必聽見後邊有聲音說：『這是正路，要行在其間』。」

許多難解的高涉入決策問題，都會令人困擾，而必須使用補償性決策準則。

例如，我挑選手機時，便是使用加權平均法。使用四個準則，包括：效能性、經濟性、耗電性、支援性。權重分別給定成40%、30%、20%、10%。我在選擇轉換學校教書工作時，依然是使用四個準則，依序是學校排名高低、有好朋友、住宿校園環境，以及交通往返成本等四個準則。權重同樣分別給定成40%、30%、20%、10%（參見表8-1）。還有，我在相

親選擇結婚對象時，也是使用四個準則，依序是個性活潑開朗大方、才藝善烹飪手藝巧、容貌外貌美麗，以及宗教信仰等四方面（參見表8-2）。而我選購汽車時，也是使用四個準則，包括：價格、安全、耗油情形、空間舒適程度等。宗教信仰的決策準則，則是救贖或修行、神祇生前神蹟或死後顯靈、因果或因果輪迴，以及永生或天堂地獄等四個準則。在這種情形下，就能夠做出理性決策，享有內心平安，晚上夢裡喜樂的情形。

表8-1 相親的決策

相親對象（介紹人）	父母	老師	學長	社長
活潑開朗大方：40%	3	2	1	4
手巧善廚藝：30%	4	1	2	3
美麗外表：20%	1	4	3	2
宗教信仰：10%	1	2	3	4
加權平均	2.7	2.1	1.9	3.3

表8-2 工作學校的選擇

工作對象	東華	暨南	嘉義	銘傳
學校名聲：40%	4	3	2	1
朋友照料：30%	4	2	1	3
居住環境：20%	4	3	1	2
交通成本：10%	2	3	1	4
加權平均	3.8	2.7	1.4	2.1

三、列出可行方案

　　決策程序的第三個步驟，是列舉出可行的方案。這時你在時間和金錢的限制下，以及關心事情內容上的差異。你我一般只會列出五個可行的方

案，當做決策的決選方案，進而來挑選出最佳的方案。

這時後你會進行相關資訊的蒐集，目的是要瞭解各個方案的適合程度，為決策做準備。**資訊蒐集**（**information searching**）是你我進行的訊息訪查和資料處理的行動。資訊蒐集分成平日蒐集和特定蒐集兩種。例如，鍋寶的愛好者或廚具烹飪的愛好者，會經常閱讀烹飪或新品廚具書報網誌，來蒐集相關資訊，這就是平日持續的資訊蒐集；但是若在選購鍋寶或廚具當下，而臨時上網或閱讀雜誌來蒐集資訊，就是決策前的特定資訊蒐集。

例如，我在選擇學校教書工作時，便有東華大學、暨南大學、嘉義大學、銘傳大學等四個選項。在相親時，便有母親介紹的東海中文系的女子、老師介紹的臺大經濟系的女子、學長介紹的政大財政研究所的女子、社團團契主席介紹的中興社會系的女子等四個方案。我更依照「活潑開朗大方」和「善於烹飪手藝巧」等準則，選擇出相親交往的對象，和中興社會系的張小姐交往，進而進入婚姻，如今結婚超過35年，婚姻生活美滿幸福。（照片8.2）

照片8.2　理性的相親選擇，迎來美滿婚姻

四、評估並選擇執行方案

在第四階段，你我需要評估各個可行方案。包括：(1)低涉入決策，通常採用一個或兩個決策準則，使用字典法、聯集法、交集法來計算。(2)高涉入決策，需要採用四個決策準則，使用加權平均來計算。

例如：手機選擇，我經使用加權平均法。結果華碩手機的分數最高（3.0分），便成為雀屏中選的機種。在四種汽車車種中，日本豐田的加權總分（3.6分）最高，就成為最後的選擇方案。同樣的，相親時，中興社會系的女子的加權總分（3.3分）最高，就成為選定的對象。至於學校教書工作時，東華大學的加權總分（3.5分）最高，就成為入職的方案。

五、決策後評估作業

「決策後評估」（post-purchase evaluation）是一個人在做出決策以後，評估自我的感受是否滿意（satisfaction）的情形。決策後的滿意程度，並不是指對於事實現況或是產出成果的感受；而是需要將一個人原先的期望「心想」，來對照於決策後的績效「事成」表現，來檢驗兩者是否一致，是否「心想事成」來判定。也就是：

「個人滿意度」＝「結果績效」–「個人期望」

這時候，若是績效高於期望，便是「事成」大於「心想」，這個人必定會感到滿意；若是績效等於期望，則這個人便會因為「心想事成」的實現，而感到滿意；若是績效感受不如原先的期望，則這時是「事成」小於「心想」的情形，這個人自然會感到不滿意。至於我們這個人的期望心想，則是來自於以前的經驗、別人的口碑或是對方的承諾。

必須要指出的是，在執行決策後評估時，必須採用第四步評估與選擇方案時，當下所選用的決策準則。絕對不可以新增其他的決策準則，來推翻先前所做的方案選擇決定，這是理性決策的「當下理性」原則。

> 絕對不可以新增其他的決策準則，來推翻先前所做的方案選擇決定。

例如，我已經按照「活潑開朗大方」和「善於烹飪手藝巧」的準則，

來選擇相親交往的對象，中興社會系的女子，進而進入婚姻。在結婚後不久，我挑剔妻子不會收拾家裡，跟妻子大吵一架，妻子氣哭回娘家。經諮商教會的牧師後，我被點醒，我不可以另外新增其他的決策準則，來挑剔配偶（妻子）。也就是我不可以新增：「愛乾淨會收拾家裡」的決策準則，來批評和挑剔妻子。理由是：我要尊重當時自己所訂下的準則（活潑開朗大方、善廚藝），做出的決定（選擇相親對象）。這是那時我在蒐集各樣的資訊後，所做出最理性的、最合適的決定。這也是在當時的我，所能做出的最好決定。

更進一步說，那時候的「活潑開朗大方」和「善於烹飪手藝巧」準則，事實上已經占了70%的權重（=40%+30%）；還有占20%的「外貌」和占10%的「宗教信仰」。而若是我硬要把「愛乾淨會收拾家裡」準則也納入評比。那權重絕對是低於10%。事實上，最後的權重是「宗教信仰+愛乾淨會收拾家裡」，兩者加起來才等於10%。實在是微不足道，因此，我不可以用「愛乾淨會收拾家裡」準則，來推翻以前所做的決定。這樣做完全不合乎理性決策。

前面的理性決策五大步驟，十分適用在職涯重大事務的決策之上。相反的，職涯的日常生活決策，例如，要去哪一家餐廳吃飯、要買哪一種牌子的牙膏、要不要買飲料等，則僅需要第一步的確認問題本質後，便可以直接選用一項非補償性決策準則，進到第三步的列出可行方案，這時候的方案以不超過三個為佳。然後就進入第四步的評估並選擇方案，並且直接做出決定就可以了。

8.2 命運決策不迷路

會影響個人職涯決策的兩大外力因素，就是諺語說的：「窮算命，富燒香」。就是人在貧困時，容易進入命理風水（算命）的「命運決策」（第二節）；人在富貴時，容易進入求神問佛（燒香）的「生命決策」（第三節），本章分別用第二節和第三節來說明。

人們在一事無成、職涯碰到困難時，在經濟或家庭遭逢困境時，最容

易去算命和看風水，在命理上尋求幫助。希望能夠藉著算命，能夠早日否極泰來、轉運翻身，這是第二節所說的「命理決策」。

「命運決策」就是面對推算一個人未來會發生的事情，又稱算命或命理。就是面對透過一些特定資料，通常是某人的出生年月日，來推算某人的未來命運，包括：事業前途、家庭婚姻、身體健康等層面。算命可以滿足人對於未來的迷惘，期望藉著「趨吉避凶」的改命或改運，達成心想事成的願望。特別是遭遇困境、窮途潦倒時。算命就成為這人唯一能夠抓住的稻草，因此有「窮算命、富燒香」的說法。故本節特別說明。

算命包括：「算命」、「相命」、「問命」三種，說明如下：

「算命」：是根據某人的出生時辰，或姓名筆劃，透過特定計算式，推算這人的命運。例如：八字、紫薇斗數、星座、姓名學等。

「相命」：是根據陽宅或陰宅的地理位置，或身體部位特徵。透過方位和磁場來推算個人的命運。例如：地理風水、面相、手相、骨相等。

「問命」：是直接或間接透過靈界指引，推算個人的命運。例如：靈媒、通靈算命、塔羅牌、碟仙、錢仙等。

算命的「命」這個字，就是指「口令」，因為命是「口」加「令」字的合體字。這時，某人是接受算命先生下達的一道口令，因此被他的口令威嚇所限制，必須要按照所下的命令而行。這就好像是由台北前往舊金山的班機，需要先經過上海機場來轉機，平白浪費時間和金錢。若是從目標規劃的角度來看，加上算命的口令以後，明顯會壓縮到原來的「可行解」空間，可知算命的限制力道。

職涯中經常可見算命影響決策，算命與職涯管理的關聯度甚高。因此，以下就(1)算命的出生年月日、(2)算命的母體和樣本、(3)相命的地理風水、(4)面對算命或命理，逐一說明命運決策的內涵。

一、算命的出生年月日

在算命中，常見的是八字、紫薇斗數、星座，都是根據某人的出生時辰做為資料，來推算未來的命運。這時的出生時間點便非常重要。

因為在八字中，是以生辰八字（出生年、月、日、時）的四柱時間點，來推算某人的命運，以及十年大運和各年流年等。在紫薇斗數中，是

以出生時間點來建立這人的命盤，再推定本命，搭配三方四正（命宮、財帛宮、事業宮和遷移宮），乃至於其他12宮，並安座各個主星，代表這人的一生命運。至於西洋星座中，是用出生時間點設定太陽星座，代表這時和黃道面上某個星辰，成一條直線位置。再推算月亮上升星座、代表理性智慧的水星星座、代表情感感性的金星星座，以及太陽系的其餘星系的星座歸屬，來推算這人的命運靈動。這點在八字、紫薇斗數、星座算命中都相同。

因此，這裡便有一個疑點？就是為什麼是使用這個人的「出生」時間點？而不是「站起來」，開始走路的時間點？為什麼不是「說話」，就是開始說爸爸或媽媽的那個時間點？

如果說出生的這個時間點是這個人的生命起源，那麼在醫學中，已經確認人在母親的肚中就已經有生命，這可以由母體的胎動就可證明。因此，生命的起源應該是受孕的時間，也就是父親的精子進入母親的卵子內，結合著床的那個時間點。這時是這人有新生命的最初時刻。若是用農曆年來看，人在出生時就已經算是1歲，不是嗎！

然而，精子和卵子結合的正確時間點，醫學上無法知道，自然就沒有算命的「出生」資料。這只有生命的創造者上帝才知道，這就是隱秘的事是屬耶和華上帝的；惟有明顯的事是屬於我們和我們子孫的，叫世人遵行這上帝律法書上的一切話。

於是對於算命，根據「**錯誤的資料必定產生錯誤的結果（garbage in, garbage out）**」，這就根本推翻算命的資料基礎。這也就是算命的命運決策，不可信的主要原因。

二、算命的母群體與樣本

還有，算命更可以從統計學中的「**母體和樣本**」來說明。例如，在星座中，太陽星座是天蠍座的人，個性是敢愛敢恨，做決定也是堅定果斷；若是雙子座的人，個性是風流倜儻，喜愛唱歌跳舞，喜愛作詩撰文，文筆也如行雲流水般的流暢。而因為太陽星座是天蠍座或雙子座的人，都有這種個性風格，所以這些對於天蠍座或雙子座的算命，就是根據母體推論後的結果。也就是用這些人當做樣本，來代表某個母體的情形。

　　這時，我們便要問一個問題？這個推論的母體是哪一個群體？這就要去查證，星座是從哪裡發源呢？答案是「巴比倫」。有所謂的「巴比倫占星學」，就代表星座的發源地。巴比倫是哪裡呢？就是現在的伊拉克、伊朗地界，是伊拉克首都巴格達所在地，也是底格里斯河和幼發拉底河所交會的美索不達平原。在這裡是「回教世界」的中心地區。在這地區中，信奉回教的人口比率超過99%，幾乎沒有人信奉基督教、佛道或是其他宗教。所以星座的母體是回教世界，代表著回教徒的風俗習慣和生活方式。

　　至於紫微斗數和八字算命，這是在春秋戰國時代，「九流十家」中的陰陽家。歷史的時間點是東周末年到秦朝、西漢初年。在那時，中國人大多是信奉民間祖先信仰、巫術或是五行運的初始宗教。因為那時道教和佛教都還沒有創立，基督教也尚未傳入中國。所以紫微斗數和八字算命的母體是古代中國，代表民間祖先信仰等的風俗習慣和生活方式。

　　這時如果要將某一個母體的推論結果，應用到其他的母體中，需要先檢驗這二個母體的相似性，這就是研究方法上的**「模型一般化」**（model generalization）推論原理。換句話說，我們若是要應用星座、紫薇斗數、八字來算命，需要先檢討自己所在的國家和算命起源的地區，兩者之間的風俗習慣和生活方式，是否有明顯的差異，若是兩者之間有明顯差異，就不應該使用這一種算命方式，如此才不會發生錯誤使用的情形。

　　換句話說，就星座而言，台灣的風俗習慣和生活方式，和回教世界差異甚大，相距何只十萬八千里。若斷然採用星座來推論算命，必定使這人陷入更迷茫的困境，因為使用了錯誤的模型來推論。至於紫薇斗數和八字算命，雖然起源是古代中國。但是由於台灣人的風俗習慣和生活方式，明顯受到歐美文化的影響，加上全球化國際潮流下，已經明顯改變台灣的樣貌。若斷然採用紫薇斗數、八字來算命，同樣的也會使當事人進入錯誤的推論中。

三、相命的地理風水

　　在相命中，是以方位和磁場為基礎，來推論某人的命運。其中是以**地理勘輿**的風水命理為主，另面相、手相、骨相也屬於相命，就一併討論。相命是直接由五行方位來相論土地房舍或身體面貌，透過方位和磁場，就

是透過「龍、穴、砂、水、向」的相命五訣，進行「覓龍、點穴、察砂、觀水、立向」的工程，來推算某人（來自陽宅），或其子孫（來自陰宅）的命運。這明顯是根據「陰陽五行」，做爲核心依據。

所謂的**陰陽五行**，是指「木、火、土、金、水」的五種物質的運轉靈動，從而「五行方位」即是將陰陽五行搭配方位，即「東、南、中、西、北」，進而成爲「東方木，西方金，中方土，南方火，北方水」。

然而，果眞東方是木，西方是金，南方是火，北方是水，中方是土呢？如果仔細探討，可知這和中國大陸的中原地勢密切相關，說明如下：

首先，所謂的**「東方木」**，是站在中原地區來看。更精確說，是站在秦朝首都咸陽（今陝西省西安），和東周首都雒邑（今河南省洛陽）來看世界。這時古代君王每年都需要到山東省的泰山來祭祀上天。因爲山東省位於河南省和陝西省的「東方」，加上泰山地區多種植森林故屬「木」，故稱「東方木」。

第二，**「西方金」**也是站在中原地區的角度看世界。所謂的「西出陽關無故人」，是指從長城嘉峪關往西方而行，盡是塞外的荒野沙漠，就是現在的新疆、青海、西康的地界。這裡位居中原的「西方」，經年吹著強勁的西風，就像是肅殺金絲一樣的刺透臉面，令人縮首而避。加上「金」是肅殺之氣的總稱，故稱「西方金」。

第三，**「中方土」**更是站在中原地區的角度看世界。直指中原地區的黃淮平原，包括現在的河南省全境和陝西省的關中地區，這裡是「中原」。這裡富藏豐富的肥沃土地，且氣候適宜，利於耕種。「土」是萬物生產的本源，進而孕育出當時的古中國文明，故稱「中方土」。

第四和第五，**「南方火」**和**「北方水」**，同樣是站在中原地區看世界。如從中原往南行，則是到達炎熱的瘴癘之地。如荊襄的楚地、南蠻的滇貴地區等「南方」。因氣候炎熱，如「火」般炙熱，故稱「南方火」。若由中原往北行，則是到達寒冷的冰漠荒原。如匈奴的蒙古地界、更北的北極海等「北方」。因天寒地凍，如「水」般冰冷，故稱「北方水」。

同樣的，某一個模式的研究結果，若是要應用到其他的地區中，需要先檢驗這個模式的一般化（generalization）能力。在地理風水的五行方位

中，一個簡單的方式，就是檢查台灣地區的五行方位，是否符合原始地理風水的「東方木」、「南方火」、「中方土」、「西方金」、「北方水」的推論。

(1) 首先，在台灣的西半部是嘉南平原，是土壤肥沃的魚米之鄉，是富藏豐富的沃土。故台灣的「西方」，明顯不是「西方金」，而應該是多「土」的「西方土」。

(2) 第二，在台灣的東半部是後山的花東地區，是經常遭遇颱風的直接侵擾，樹木大多在年幼時期就遭遇颱風吹倒，難以長成大樹。故台灣的「東方」，明顯並不是「東方木」，而應該是多風的「東方金」。

(3) 第三，在台灣的中心地區是中央山脈，是許多神木的森林資源，樹木繁多且茂密繁殖。故台灣「中方」，明顯並不是「中方土」，而應該是多木的「中方木」。

(4) 第四和第五，在「南方火」和「北方水」方面，由於台灣位於北半球，北方的台北和新北比較寒冷，南方的台南和高雄比較炎熱，故稱「南方火」和「北方水」，這是合理的推論。

同理，若將相命地點轉換到美國地區，美國的西岸是陽光加州，明顯不是「西方金」，反而應該是肥沃的「西方土」；美國的東岸是紐約州和華盛頓州，經常刮風下雨，應該是「東方金」，而不是「東方木」。

三者，若將地點轉換到南半球的澳洲，澳洲北岸是比較接近赤道的達爾文和布里斯本，故澳洲明顯不是「北方水」，反而應該是炎熱的「北方火」；澳洲南岸則是比較接近南極的墨爾本和雪梨，應該是寒冷的「南方水」，而不是「南方火」。這一點恰好和傳統的五行方位相反。這些都說明了「相命」的地理風水的五行方位，只能適用在中國的中原地區，無法一般化應用到世界上的其他地區。

四、面對算命或命理

更進一步，不管是西洋星座、紫微斗數或八字算命的母體，也就是回教世界和秦朝、西漢時的中國，都有一個明顯現象，就是當中幾乎沒有信奉基督教或天主教的百姓。也就是母體中全部都是沒有信上帝的人，他們代表著人們按照自我中心「自我律」，的生活方式和實際行動。這是和

上帝無關、這是地上來的律，是有罪的人的律，是沒有平安的。由於基督教或天主教都強調上帝差耶穌到世上做爲人，爲要洗淨世人的罪惡，赦免人的原罪。換句話說，就是用「生命律」來取代「自我律」。因爲世人原來是用「自我律」來生活作息，來爲人處事；當人相信耶穌基督後，便會有上帝的生命流入其中，形成「生命律」來過新生活。這就是耶穌所說：「從天上來的是在萬有之上；從地上來的是屬於地，所說的話也是屬於地」。以及「賜生命聖靈的律，在基督耶穌裡釋放了我，使我脫離罪和死的律」。所以，從天上來的永生就是「生命律」，然而地上來的算命就是「自我律」，這兩個律是完全不同的，這兩個律是會互相對抗的。

對一個沒有信上帝的人而言，通常會專注算命算得準不準。如果是算的很準，這有時候會發生，因爲統計學的「大數法則」和「中央極限定理」，有一定的效果。而那是自我律，是遵照自我律運行的結果。但是對相信基督或上帝的人，基督耶穌已經將他，從罪惡和死亡當中拉出來；帶他進入上帝的國度中，也就是進到上帝的生命律當中。因此過去算命所算的「自我律」，便不再準確。算命先生所斷言的事，就不會發生在他的身上。因爲他已經脫離算命的管轄，這就像是：「若有人在基督裡，他就是新造的人，舊事已過，都變成新的了」。

例如，我舉這三件事情來說明：

第一，在民國76年12月我信上帝後，隔年上帝感動我要考博士班，但是我想到：我的命盤在77年的流年的「三方四正」，並沒有文昌星、文曲星，沒有功名運，所以我不想投考。但是上帝卻感動我的直屬主管和牧師，要我去報名。眞得很奇妙，在禱告後我竟然考上國立交通大學管理博士班，一舉打破算命的斷言。

第二，上帝更使我在民國78年5月結婚。但其實我的命盤在78年的流年，婚姻宮並沒有紅鸞星、天喜星，再一次打破算命的斷言。

第三，在民國79年和81年，我的妻子分別生下兩個男孩，但是我命盤中的子女宮是落陷化忌。命格主無男丁，只要懷男胎就會早產，必須懷女胎，這幾乎是鐵律。後來我拼命禱告上帝，上帝做了奇妙大事，第一胎順利產下男孩，第二胎再次順產男孩，太棒了。上帝做奇妙大事，打破紫微

斗數算命的斷言。所以我的許多事情，都是上帝介入後就改變了，不再一樣了。

總言之，對於算命，我個人的經驗和看法是：我不再相信算命的推算斷言。而是回歸到「理性決策」上面，再加上尋求上帝的指引。也就是：「我要專心倚靠耶和華，不要倚靠自己的聰明；在我一切所行的事上，我都要認定上帝，祂必指引我的道路」。事實上，我從一個自殺獲救的小伙子，經過37年，成為國立臺北大學的特聘教授並屆齡退休。這一切都是上帝的引導，也都寫在這一本書上面，作為上帝引導的記號。

8.3 信仰決策看分明

人們在飛黃騰達，職涯步步高陞、位高權重，能夠呼風喚雨時，最容易去燒香念佛，尋訪神佛之力可以保佑他的財富和權勢歷久不衰、長青長榮。這也是第三節所說的「信仰決策」。因此，本節討論選擇佛教、道教、基督教的信仰決策（參見表8-3）：

表8-3 信仰決策

比較	基督教	佛教	道教
神	一神	零神——小乘 多神——大乘	多神
教主與 神祇 ④	耶穌 主基督 *生前神蹟* *死後復活* 神靈顯現	釋迦牟尼 觀世音菩薩 生前悟道・無生 死後舍利子 弟子神通	李耳 媽祖關公 生前皆凡人 *死後顯靈* 弟子通靈
天堂 地獄	永生 陰間	涅盤、西方極樂世界 *輪迴* ①	天堂 地獄 *輪迴*
罪與拯救	罪 *救主赦罪* ③	業障 *修行積功德*	造孽 積陰德
儀式	受洗、*追思*	歸依三寶、*超度*	皈依、做七 ②

註：①天堂地獄中的輪迴；②喪禮儀式（做七）；③罪與拯救的赦罪；④教主與神祇之神佛能力，分別對應以下四個子標題。

　　首先，作者在此必須指出的是，有關本節的宗教信仰決策議題，目前各界尚處眾說紛紜，莫衷一是階段。本節的論點係純屬作者個人體悟所發想的結果。這可能受限於作者個人的宗教信仰的思考觀點，而仍有待辯論驗證。作者尊重宗教多元價值，並無獨尊基督教或排斥其他宗教的意思。如各方大德對本節信仰上見解有不同之處，尚請各方大德見諒海涵。

一、第一點是輪迴問題

1. 輪迴的意義內涵

　　許多人會將希望寄託於來生，希望透過**「輪迴轉世」**來獲得解脫和救贖。這也是算命先生在論命時，經常使用的「今生－來生」轉換技巧，而經常運用**「六道輪迴」**的佛教學理來「指點迷津」。

　　所謂的**六道輪迴**，即表示天地之間共有六道，由上而下按順序是：「天道」、「阿修羅道」、「人道」、「畜牲道」、「餓鬼道」、「地獄道」。這六道是自然形成，並且永久存在，不會變形或消失。

　　按照輪迴的說法，在各道中間的生物，若是在今生被評估為表現良好，則可向上晉升一個級別。例如，若在「人道」中的某人今生表現良好，則在下輩子便可以輪迴轉世，升為「阿修羅道」中的阿修羅，這就是向上晉升一個道；相反的，「人道」中的某人若今生表現不佳，則在下輩子便會強迫輪迴轉世，降為「畜牲道」中的畜牲。也就是向下降貶一道，其餘類推。因此，在六道輪迴的大架構之下，各道中的生物便能夠生生不息，綿延不盡。各道中的生物若有遭受到冤屈的事情，也會在下一個輪迴中獲得平反。這就是所謂的**「因果輪迴，報應不爽」**的論點。這更提供給在今生中，飽受社會欺負壓榨的中下階層；以及在今生中毫無盼望的失意人士，心中能夠受到慰藉，將畢生未竟的希望，寄託在來生，也就是在下輩子的輪迴轉世中，獲得救贖或是報償。

　　基本上，六道輪迴提供給社會中的下階層人士，繼續奮鬥向上的來源動力。這點看似順理成章，也取得社會「轉型正義」上的合理論述地位，這毋庸置疑。

2. 輪迴的疑點

　　經進一步探討，六道輪迴有許多疑點，有待有識者正視。舉其中三點說明如下：

　　首先，六道輪迴的成立前提，是這六道中的生物數目不變。就是在時間變動的過程中，需要呈現出穩定波動的「收斂數列」狀態，而不是日益增加或日益減少的「發散數列」狀態。這樣才可以避免這樣一個六道輪迴的分隔，不會被破壞掉。試想，若是某一道中生物的數目大幅的成長，也就是數列形態呈現出「發散數列」的狀態。長久下來，六道輪迴的形態便無法繼續維持下去。勢必要消滅一道，變成「五道輪迴」，甚至是成為「四道輪迴」或「三道輪迴」，這樣就違背了六道輪迴的基本精神。

　　換句話說，這樣的「六道」生物的晉升或降貶的數量分布，需要遵循統計學上，著名的**「常態分配」**（normal distribution）。也就是晉升的數量和降貶的數量，應當大致相當，以便能夠維持住「各道」生物總量的穩定。這一點的推論十分合理，這就像是有若某一個班級學生的考試成績，大部分同學都是落在60-89分的範圍，而不致於會受到獎懲。而60分以下的不及格學生，就應該受到懲罰；以及90分以上的績優學生，就應該受到獎賞。而兩個部分的學生數都不會太多，且不會明顯的增長，來維持住這一個階層的安定。因此，「人道」中的人類數目，它的變動數量應當不能過大。這種論述，基本上合於「理性邏輯」的推論。

　　然而，由於其他五道在數量上難以測量，僅有「人道」的數目能夠被得知。因此就「人道」中的人口數量來說，在西元1900年，全球僅有三億的人口數量。在1970年就已經突破40億人口的大關；在2012年時，更是已經超過70億人。在今年2024年則是到達79.5億人，且正繼續不斷的增加當中。如以全球平均壽命70歲來推估，在六道輪迴的架構下，每70年人類應該輪迴轉世一次。故從1900年至1970年，全球人口數整整成長13倍；而1900年至2024年，全球人口數更已經成長了26倍。這告訴我們，「人道」的數目正以倍增的速度，明顯的擴增中，已經壓縮到上一道：「阿修羅道」；和下一道：「畜牲道」的存在空間。這樣一來，**「六道輪迴」**的大架構已經是岌岌可危，甚至是已經淪為「五道輪迴」或「四道輪迴」了。

第二，「六道輪迴」若是成立，則在1900年代過世的上一世代的人類，應該只有不到1/10的人，會繼續輪迴轉世成人類；而其餘9/10的人，則若不是晉升輪迴轉世，提升成為「阿修羅」；就是被輪迴轉世，降貶成為「畜牲」。總而言之，轉世後能夠繼續成為人類的比例相當低，應該只有1/13的機會。然而，我們所聽聞到的輪迴轉世或活佛轉世者，都對外宣稱，他的前世都是上一輩子的富貴人家或是達官貴人。而沒有人宣稱他的前世是貓和狗等畜牲，或是阿修羅被貶降為人，或是平民百姓繼續轉世為人等。這種說法和六道輪迴的學理，明顯背道而馳。

第三，若是成立「六道輪迴」，則你我家中的祖先應該已經轉世成為「阿修羅」，或是降貶轉世成為「畜牲」。他們能夠繼續成為人類的比率，應該不到1/10。更精確的說，應該只有1/13。但不論如何，這些祖先十之八九已經不再是自己家中的祖先，那你祭祖或敬拜祖先的對象又是誰呢？換句話說，六道輪迴和祭祖行為，兩者之間是互相矛盾的，是不能夠同時成立的。由此可知，六道輪迴的說法實在是難以通過較為嚴謹的理性思辨檢驗。

因此，我們可以做以下的結論：佛教教義中的「因果輪迴」，「因果」部分應該成立，因為數學中的各個函數關係，例如，「應變數」是「自變數」的函數，這是因果關係的展現。至於「輪迴」部分實在是有待商榷，應該加以保留。也就是說：

(1) **「因果」是正確的**，萬物皆有因果，這是合理的。

(2) **「輪迴」是錯誤的**，因果和輪迴應該加以區別處理。

二、第二點是喪禮的儀式問題

道教的喪禮中，主要是「**做七**」來超度亡魂；佛教的喪禮中，主要也是「**誦經**」來超度亡魂。並且加上法師的加持「**助念**」和信眾的「**迴向**」功德。至於在基督教的喪禮中，則只有簡單的「**追思**」禮拜。其中最大的差別，就是佛教和道教中，有獨特的「超度」舉動。

基本上，「**超度**」是由道士或法師，透過誦經、施作法術或助念，將死人的靈魂超越他的身軀界線，度過生死關口，來到特定的地界。就本質上來說，超度應該是「神明和佛」的事情，是「神明和佛」主動將死人的

靈魂，接引到另一個地界。例如，佛教說常用的「佛祖接引西方」一詞。
若是由法師或道士來主理，就代表「神明和佛」的無能或無情：

1. 「無能」表示「神明和佛」欠缺能力，而必須交由人（法師或道士）
   來主理，這是越俎代庖。
2. 「無情」表示信徒拜「神明和佛」大半輩子，而「神明和佛」卻是這
   樣的無情無義，不將信徒的靈魂直接接引到西方極樂，而必須交由道
   士或法師來介入代理，來越俎代庖，這豈不奇怪。

　　更何況，在超度的當下，還需要他人的「助念」，幫助死者誦經、唸
佛號，甚至是「迴向」，迴遊法力上及西天。這樣做明顯是逾越人類的界
線，而跨越，甚至是侵犯到「神明和佛」的威權了。這會更加會顯出「神
明和佛」的無能了。此外，由於延請法師或道士需要花費，甚至可能所費
不貲。若是清貧人士無力負擔超度的費用，這樣就會形成「有錢判生，沒
錢判死」，形成有如歐洲天主教早期「贖罪券」的不公平、不公義的現
象。相反的，基督教的「追思」禮拜，則是單純的獻唱詩歌、追念故人的
生平的儀式。因為耶穌基督已經應允祂的子民，祂會直接接引死者的靈
魂，前往永生天國，並不需要牧師來超度，來越俎代庖。

三、第三點是赦罪

　　就概念上來說，基督教中的「罪」，和佛教中的「業障」，道教中的
「孽障」，意義上或許有些差別，在這裡先予以忽略。我們轉而專注在處
理：如何消除業障、孽障或罪的議題上面。

　　基本上，佛教和道教中，所講的**「消除業障」**或**「消除孽障」**的
方法，主要是透過「修行」或「行善」的方式，來「積功德」或「積陰
德」。也因此佛教和道教的修道者中，有所謂的「上人」、「居士」、
「菩薩」、「活佛」等稱號。因此，便可以使用數學歸納法的方式，按照
人修行的程度，由淺入深來排列。也就是說，若是「人」代表著「N」，
那「上人」便代表著「N+1」；「居士」便是「N+K」；「菩薩」則是
「N×K」；而「活佛」便成為「N的K次方」了。然而，在業障和孽障是
「無限大」的情況下，透過修行或行善來消除業障或孽障，就會成為「無
限大減去N」，乃至於「無限大減去N的K次方」的情形。結果業障和孽

障仍然是「無限大」的情況。結果就是業障或罪孽仍然存在，並不能被真正的消除的情形。也就是說，佛教或道教的這種「由下而上」的消除孽障或業障方式，並不能真正的解決業障和孽障。

相反的，基督教或天主教的解決罪的方法，則是「由上而下」的「赦罪」方式。也就是透過救主耶穌基督，直接來赦免你我的罪。在救主耶穌具有「無限大」能力的條件之下，赦罪就成為「無限大」除以「N」的情形。其中「N」代表被赦罪的人數，上限則是全球的人口數（79.5億人）。在這時，只要能夠證明救主耶穌具有「無限大」的赦罪能力，便可以解決「赦免罪」的問題。又由於「神」的定義是：「超越時間、超越空間、無所不在、無所不能」的無限大的存在。因此，只要能夠證明救主耶穌具有神性，便可以有效解決罪得赦免的問題。

四、第四點是神佛的能力的問題

佛教、道教和基督教最大的差異點，就在於，佛教與道教的「教主」和「神祇」並不是同樣一位。「教主」生前是凡人，「神祇」則是死後顯靈。

道教的「教主」是李耳，是一位普通人。「神祇」則有媽祖、關公、三山國王、土地公、財神爺等多位神明。這時強調媽祖（林媚娘）死後在海上顯靈，保佑補魚漁民；關公（關雲長）死後顯靈，保佑當地居民等。至於顯靈是真是假，則留給考古學家去考證便是。

佛教的「教主」是釋迦牟尼，生前他在菩提樹下悟道。「神祇」則有阿彌陀佛、觀世音菩薩、地藏王菩薩、大日如來佛等。佛教的說法是這些菩薩或佛，早已在千萬劫年前，就已經在宇宙中存在。然而，世人無法考證其真假，而留下一堆待解的謎團。

至於基督教則是**「教主」**和**「神祇」**是同樣一位，都是指向耶穌基督。而強調耶穌在兩千多年前來過這個世界，這是聖誕節的由來。並且耶穌行過許多神蹟。聖經中有許多處，記載著耶穌使瞎子看見、使瘸腿行走、醫治好大麻風、趕除污鬼、平靜風和浪、使用五餅二魚餵飽5000個人，甚至是耶穌曾經使三個人從死裡復活（涯魯的女兒、拿因寡婦的兒子、馬利亞的弟弟拉撒路），最後耶穌自己也從死裡復活，用大能顯明自

己是上帝的兒子，擁有無限大的赦罪能力。基督教強調耶穌更是一位**「救主」**，祂「生前行神蹟，加上死後肉身復活」；而不是佛教和道教的「死後顯靈」。而這兩者之間，有著根本上的不同。

甚至耶穌在世上的這一生事蹟，在400年前寫成的舊約聖經中就已經被完全預測中。這些舊約預言包括：耶穌是大衛的子孫、耶穌會被童女懷孕生子、耶穌生在伯利恆、小時候逃往埃及避難；耶穌傳道時有施洗約翰開道路、耶穌醫治瞎子、耶穌赦免人的罪、耶穌騎驢進入耶路撒冷；耶穌被30塊錢出賣、耶穌被釘十字架、外衣被分成四塊、耶穌葬在財主的墳墓裡、耶穌第三天復活、耶穌是救贖主等。上述的舊約預言，都被新約中的耶穌來應驗了。由於新約和舊約中間間隔四百年，超過一般人能夠存活的歲數。由於新約和舊約的原始手抄本都已經出土，目前安放在大英博物館，在歷史考古學和訓詁學的考證，聖經手抄本無誤的前提情況下。就能夠證明耶穌是神，有神的能力，耶穌是超越時間和空間的上帝的獨生子。這正如：上帝愛世人，甚至將他獨一的兒子（耶穌）賜給他們，叫一切信他的人，不致滅亡，反得永生。

第九章　職涯衝突協調

職涯寫真

個人的決策有時會和其他人的決策相衝突，這時就需要協調。做好衝突—協調管理。在交友戀愛二搶一、婚後夫妻衝突、婆媳問題上，處理這項問題的重要性更是明顯。於是有了本書的第九章：「職涯衝突協調」。

協調各種衝突，能夠化干戈為玉帛，這是職涯的重要功課。面對各種衝突，在協調時需要有眼光，用更高的角度，看待衝突的本身，再求上帝給你智慧，能提出創意的解決方案：「我們至少可以……」。

9.1 職涯衝突必有因

這一章，是本書中非常重要的一章，關係到你職涯格局的高下。惡性衝突所帶來家庭中的子女負氣離家、兄弟反目、夫妻離異；工作中的「辭退（Fire）」老闆、同事反對、下屬無言；以及同學絕交、朋友絕交、親人絕情等人間憾事，令人扼腕。若是我們能夠有效的處理衝突，不僅可以化干戈為玉帛，維持既有人際關係，更可以凡事順利，又盡享人際溫情。故協調衝突可創造雙贏，在職涯發展課題中有必要妥善管理。

基於每個人都是不同個體，來自不同家庭文化背景，自然會有不同的待人接物風格與做人處事態度，具有多樣化意見陳述，衝突乃因應而生且不能規避。在管理中，基於職涯管理和發展需要設定並導引執行路徑，有時會不同於旁人的內心想法，甚至是踩到他人的既得利益而爆發衝突。這時理性的管理者和領導人會看每一次衝突為一項機會，而不是一個困難。

本節說明在職涯管理和發展中，需要面對的衝突、處理衝突，進行協調的程序，這是管理者執行協調管理的必要手段。理由是能否成功處理衝

突，其重要性係關係到你的職涯管理能力。說明如下：

一、衝突的發生

1. 衝突的意義與發生原因

由「**衝突**」（**conflict**）的字義說明，衝突是有一方要「衝鋒」，然後碰到障礙物而「突著」的情形。衝突肇因於個人所關切的自身權利，已經或將會遭受到對方行動負面撞擊的反應。

> 衝突是有一方要「衝鋒」，然後碰到障礙物而「突著」的情形。

至於發生衝突的原因是來自於三種差異，就是目標差異、領域重疊，和對事實的知覺認知差異。說明如下：

(1) **目標差異**：指雙方努力的目標不相同，所形成方向拉扯的衝突撕裂情形。經常見於領導者看重成長擴張，其他人則希望維持現狀，持盈保泰，就容易爆發衝突。例如，劉備死後，諸葛亮力主北伐曹魏，然而蜀後主劉禪則傾向守成安靜，兩人的目標方向大相逕庭。

(2) **領域重疊**：指雙方權利和義務的規範未臻明確，所形成的地域重疊的衝突撕裂。經常見於領導者和他人之間的行動領域相互交錯，從而爆發互相爭奪資源的情形。例如，劉備和呂布都想要占領徐州城，然而一城不容二虎，故劉備將徐州讓給呂布，自己前往旁邊的小沛城，化解一場可能的領域衝突。又例如，曹操嫡子中，曹丕和曹植都有機會繼承大統，致發生領域衝突，曹丕逼迫曹植瞬間作詩，曹植遂完成「本是同根生，相煎何太急」的千古佳句。

(3) **對事實的知覺認知差異**：指由於誤會認知或錯失溝通，所形成的行動衝撞和衝突撕裂。經常見於領導者擁有最新的一手資訊，其他人則不然，這時就容易由於溝通不良而產生衝突。例如，袁紹和曹操對峙於官渡，謀士沮授主張以持久戰消耗曹軍，因曹軍遠來疲憊。但袁紹不同意而刻意疏遠，後來袁紹兵敗於官渡，從此一蹶不振。

2. 衝突的形態

衝突的形態最常見者是外顯型衝突和情感型衝突二種，說明於後：

(1) **外顯型衝突（revealable conflict）**：指我們為追求自身利益，從而踩到對方既得利益的紅線以致爆發衝突。經常發生在領導者想要開創被領導者的共同價值，然而被領導者則多半會自我盤算和本位主義，就會發生雙方的顯示性衝突。例如，曹操在攻克汝南公孫瓚後，為統一北方，和河北袁紹大戰於官渡，爆發顯示性衝突。

(2) **情感型衝突（emotional conflict）**：指我們對他人發生的敵視緊張、敏感情緒或壓力滋生的感受。經常發生在某一單位主管懸缺，今有二人競逐這一個職位的情形，就使雙方情感關係萬分緊張。例如，曹操嫡子中，曹丕和曹植都有機會繼承大統以致發生領域衝突，曹丕逼迫曹植瞬間作詩，曹植遂完成「本是同根生，相煎何太急」的千古佳句。

二、創造解決衝突的良好條件

在面對衝突的當下，首先需要創造解決衝突的良好條件，方能夠進行有效的衝突管理。這時就需要創造以下四個先決條件，說明如下：

1. **杜絕任何評斷**：這時千萬不可以做出任何評斷，就是「誰有理，誰無理」。若是妄下任何價值評斷，那無疑是提油桶救火，火上加油益發不可收拾。

2. **傾聽浮現真實**：這時需要先去傾聽兩造想說些什麼，重點是關懷並找出說話者內心的**「未滿足需求」（unmet demand）**或**「未實現夢想」**，乃至於凸顯出他的未解決問題。在這個真相浮現的過程中，傾聽而不要評斷是最高的指導原則，重點是去探究觸動對方哪些事情。

3. **提問確認思維**：在傾聽的過程中，需要適時提出問題。提問的目的是幫助對方澄清自己的立場，使他能夠想得更加清楚。也就是要探究「他怎樣看待自己的立場」？「他怎樣解釋自己的立場」？以及「這樣的立場會有怎麼樣的後果」？

4. **反思自己動機**：在傾聽和提問的同時，也需要問自己，確認自己的動機和立場是不是公正無私。而不應該參雜自己的「未滿足需求」、

「壓抑的內心衝突」或「未實現夢想」，甚至是藉機擴張自己的權力，這都不足取。

切記，所有的傾聽和提問的溝通舉動，都在於要了解對方，而不是要建立共識。不可先入為主的自認為自己是對的，是站在有價值的一方，而要對方聽從於我，若你這樣做就會是一場災難。

9.2 衝突協調要有眼光

前段提到，在職涯管理和發展過程中，經常會碰撞反對勢力，衝突自不可免。但衝突並非全是負向，有其進步發展和提振團體績效的正面意義，我們應容許衝突發生，且積極面對並管理衝突。

論到衝突管理，是針對衝突爆發後，所需要的處理方案和建設性解決機制，這是羅賓森（Robbinson）所提出的**衝突管理模式（conflict management model）**。方法包括：營造和解氣氛、訴諸更高層次目標、研擬創意解決方案、增添供給化解衝突與堅守認知公平（參見圖9-1）。這就有如大衛王所著詩歌第23篇中〈牧羊人之歌〉的內容。說明如下：

圖9-1　衝突協調管理模式

一、營造和解氣氛

是主動擺宴營造協調和調停氣氛，正面協調雙方爭議，並導引雙方陳述意見和解決方案，從中調停和解。

　　這時，和我們意見不同的人是對手方，是所謂的敵方。在敵人面前擺設宴席，是設宴安排飯局，將衝突雙方共聚一室，充當調解和處理爭議的舞台。理由是在用餐時間，經常是喜悅快樂時光。例如，誕辰壽宴、升遷賀宴、慶功酒席、喬遷歡宴、結婚喜宴、滿月喜慶等，許多爭執比較容易在此時化解。這也是〈牧羊人之歌〉第五節前段的內容：「在我敵人面前，為我擺設筵席」。

二、訴諸更高層次目標

　　在適當場合中，我們若訴諸更高層次的目標，可以增添衝突者的自尊來處理紛爭。就能夠使對方願意為更高層的目標來努力，放棄現階段衝突的損失。這時是訴求更高層次目標的意義，有如用膏油塗抹對方一般的委以重任，授予使命，來提升對方的自尊。是先聚焦在超然目標，如共同抗拒外侮威脅，俾凝聚共識，移轉現有的衝突，並為具創意處理方案來鋪路。這也是〈牧羊人之歌〉第五節中段的內容：「你用油膏了我的頭」。

訴諸更高層次目標，可以增添衝突者的自尊來處理紛爭，它能夠使得對方願意為了更高層次的努力目標，放棄現階段的衝突損失。

　　例如，我在中華經濟研究院工作三年時，考取博士班後結婚，不久後妻子懷孕。妻子原本擔任青少年感化輔導工作，此時我們面臨多個目標的衝突（研究院工作、攻讀博士班、青少年輔導、夫妻相處磨合、養兒育女）。經與妻子深度溝通後，提及更高層次目標，即教養品質的重要。基於「6歲定終身」的親子教育理論，孩童6歲前的教養已決定孩童一生的人格發展，若孩童在6歲之前，能夠獲得完整的父母親關愛，即能夠使他擁有充足安全感和高度自信心，踏入學校與社會。另亦思想教養好自己子女，事先防範未然，豈不更勝於補破網的青少年感化歸正輔導。在此更高目標的引導下，妻子決定辭去工作，全心教養兩個小孩直到小學，才重回工作職場，此一決定明顯解決往後至少六年內，家中預期會產生的各種衝突。（照片9.1）

照片9.1　婚後生兒育女，是奠基在更高的目標

三、研擬創意解決方案

在雙方輪番表述自己觀點，並檢視事實、澄清誤解或探索善意後。就可研擬創意解決方法，以導引各方善意並顧慮到彼此尊嚴，雙方都有下台階來解決衝突。這時需要多方協調溝通，探求各方立場、心中感受和共同利益，來提出各方都能夠接受的創意方案或最低限的折衷方案。這同樣是〈牧羊人之歌〉第五節中段的內容：「你用油膏了我的頭」（照片9.2）。

例如，我帶著妻子和兩位幼子，來加州史丹佛大學做博士後研究，我們先住進一房一廳的公寓。不到一個月，公寓房東要我們搬家，理由是四個人必須住租金較高的兩房一廳的House。面對這個衝突，史丹佛主任先出面向房東協調，獲得展延一個月。以便銜接另外一個同事的House，因為他即將調職。但是House房東也不太樂意租給我們，因為擔心小孩子會吵鬧。由於這時史丹佛大學已經開學，故非常難租到房子。這時4歲的小兒子向上帝禱告：「親愛的上帝，求你租給我們房子，是兩房一廳的House，並且不要太貴。因為我們需要，求你幫助我們！」上帝真是奇妙，祂讓我妻子在回家路上意外碰到一個搬家車庫大拍賣。賣主Nancy太

照片9.2　當年女友二搶一衝突管理得宜，今有碩士班40週年同學會

太說由於她父親生病，她們要搬家回到波士頓。這間House就空出來，還是兩房一廳的House。房東更十分Nice，他用一房一廳的公寓價格，便宜租給我們。這是上帝的創意解決方案，解決我們家在美國的租屋衝突和財務窘境。

四、增添供給化解衝突

　　基於衝突多源自於供給不敷需求。因此，我們若能夠將餅做大，增添供給，來滿足各方需求，便能夠化解衝突。這是我們從外界獲取資源並分配到各方需求上面。這時能夠增加供應，使大家的福杯飽滿甚至滿溢。也就是〈牧羊人之歌〉第五節後段的內容：「你使我的福杯滿溢」。

五、堅守認知公平

　　衝突管理的最高原則是使各方都感受到**認知公平**（**perceived justice**）。在物質面、心理面、時間面等方面，都使衝突各方感受到調停處理所帶來的結果公平、程序公平和互動公平。從而各方都滿意，雙方恢復關係，化干戈為玉帛。除非情非得已，才交付仲裁，由雙方都能信賴的第三者，甚至當地法院來協調裁定，來堅守認知公平。

　　在這時，衝突各方能認知到恩惠和慈愛氛圍，這意謂著管理衝突需要使各方感受到恩惠和慈愛。第一是恩惠，是衝突化解後，能夠獲得物質

恩惠，獲得結果公平；第二是慈愛，是衝突化解過程中，能夠獲得善意對待，獲得程序公平和互動公平。使衝突方心滿意足，享有永遠福樂，如同待在天國中，直到永遠。這就是〈牧羊人之歌〉第六節的內容：「我一生一世必有恩惠慈愛隨著我；我且要住在耶和華的殿中，直到永遠」。

9.3 三角關係和諧為重

在協調的過程當中，不免會碰觸到人際關係之間的奧秘處，就是如何拿捏我們和他人之間、我們和事物之間的平衡感受。例如，老張尊敬並崇拜周哥，進而周哥向老張介紹他的好友小李，此時老張將會由於尊敬周哥的緣故，進而「愛屋及烏」，接納小李，從而和小李成為朋友，這就是在管理、領導或協商中擴展人際關係（人脈）的基本方法。這裡提出三種主要的應用：

一、人際的推薦關係

基本上，老張、周哥、小李，三個人間，成為一個等邊三角形。老張、周哥、小李，分別處在三角形的三個角點。這時，由於周哥被老張尊敬，於是老張和周哥之間的關係符號是正號「＋」；周哥推薦小李，使得周哥和小李之間的關係符號也是正號「＋」；基於「正正為正」的乘法原則，使得老張和某小李之間的關係符號也必須是正號「＋」，於是老張便如同尊敬般的接納小李成為朋友。若事實發展也是照這個劇本演出，那對於在面對老張和小李間，就會形成認知上的「正、正、正」穩定平衡關係，從而享有認知平衡的健康感知。周哥便能夠藉此進行人事協調舉動，更是藉由推薦來擴張影響力；或是小李獲得他人（周哥）協助，能夠獲得能力展現機會和平台，這是人力資源協調的合適途徑。是海德（Hider）所提出「平衡理論」（**balance theory**）的應用。

二、同事間競爭關係

又如，在工作場合上，若是老張的上司王董特別欣賞老張的同事小蔡，這會使得王董和小蔡之間的關係符號成為「正」號。在這個情況下，

基於妒嫉心或是酸葡萄的比較心理作祟，從而影響老張和同事小蔡的和睦相處關係，逐漸導向逐漸遠離的外推力道。從而老張和同事小蔡之間的關係符號便成為「負」號，這明顯會影響二人接受他人介入協調事務的意願。連帶的，基於公平推論和遷怒心理的作祟，老張和上司王董之間的關係符號也多半會成為「負」號，因為老張會認為上司王董並沒有公平的來對待他。在這個情形下，老張對於王董的任何協調舉動，便不容易合作配合。雖然這時老張面對王董和小蔡之間的認知關係，已經轉成「正、負、負」的「負負得正」關係認知平衡狀態。這是協調人在進行各種協調事務時，所必須要面對的關係陷阱。也就是雖然勉強完成協調，但是卻是在惡劣的關係下推動進行。

換句話說，雖然老張在工作上仍然可以維持住情緒平衡，不致於落入認知失調的窘境。但是，基於老張長久和上司王董間，以及老張和小蔡間，都是負向的關係。這樣必然形成老張面對同事的鬥爭性格，以及面對主管的關愛渴望，這會影響老張的工作情緒，損及老張在該企業中的職涯發展。

如今，王董的做法是：一則是將王董和老張的關係符號調整為「正」，也就是王董需要用意志再去接納老張。雖然老張已經認為王董偏心，偏愛他的小蔡；同時也要協助老張和小蔡的關係符號調整為「正」向，也就是勸說老張和用意志去認定小蔡並不是敵人，並重新接納成為朋友或同事，恢復「正、正、正」的認知平衡關係。同時也完成協調的舉動。

同時，老張的做法有二：首先是要將老張和小蔡的關係符號調整為「正」，也就是老張需要用意志去接納小蔡，使他成為友善同事。這時老張能夠轉念來和小蔡之間和睦相處，放下比較和計較心態，如此一來老張和小蔡之間的關係符號便會轉為「正」號。同時，老張也要認同上司王董的做法，而將老張和王董的關係符號也調整為「正」。也就是用意志去認定王董並沒有偏坦對方，況且小蔡的確是表現優異，值得王董的稱讚，因此老張面對王董和小蔡之間的關係，恢復認知平衡的「正、正、正」的穩定關係。這時不會危及老張在公司中的日後職涯發展，也連帶的完成接受

協調的舉動,進而成就老張、小蔡和王董三贏的美好結果。

例如,我在結婚之後,媽媽每次來我家時,即會數落我妻子(即她的媳婦)的不是,如煎魚都煎不好,使得魚皮沾鍋、襯衫領子發黃洗不乾淨、屋角有很多灰塵、小孩的衣服骯髒等等,來顯示她很愛乾淨,也很會理家,這當然是兩個女人的戰爭。在此時,基於媽媽和妻子之間的關係已經成為「負向」,我必須因應將我和媽媽的關係也調整成「負向」,即媽媽這個時候是錯的,同時我和妻子的關係仍維持「正向」,因為夫妻要離開父母,二人成為一體。因此,我和妻子與媽媽,三人之間的關係就成為「負負正」,仍為「正號」,為一穩定的結構,我不會發生認知失調的情形(參見圖9-2)。

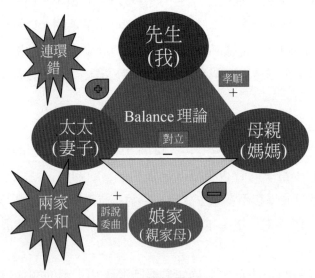

圖9-2　婆媳關係之一

直到我們結婚七年後,我媽媽與妻子之間的敵意才逐漸消除,兩人的關係轉成「正向」,這時,我才調整與媽媽的關係也為「正向」,再加上我和妻子的「正向」關係。因此,我和妻子與媽媽,三人之間的關係變成為「正正正」,標準的「正號」,繼續為一安定結構(參見圖9-3)。我們夫妻遂能夠帶婆婆和媽媽出遊多次,照片中是日本北海道洞爺湖。(照片9.3)

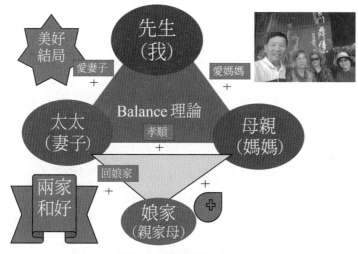

圖9-3 婆媳關係之二

照片9.3 婆媳關係美好，帶婆婆和媽媽遊日本北海道洞爺湖

最後談一談道歉的角色，道歉是指承認錯誤，這是衝突發生後，進行補償的第一步動作。也就是將失誤設下停損點，是一個絕佳的方法，因此特別加以說明。Lovelock特別指出，衝突補救的最高指導原則：第一是道歉，第二是道歉，第三還是道歉。

> 衝突補救的最高指導原則：第一是道歉，第二是道歉，第三還是道歉。

　　基本上，道歉、承認錯誤，並補償對方是最積極的解決衝突的方式。不去道歉而光是解釋原因，通常不一定有效。解釋原因可歸因於內部原因或外部原因，內部原因是自己不好；外部原因可能是因為天氣不佳，或有颱風地震等。不當的歸因反而會導致對方的不滿，在解釋原因時需要特別注意。

　　至於道歉的基本原則有五個，包括先行道歉非常重要、先為氣氛不佳來道歉、當天爭吵當天道歉、位階為大的先行道歉、雙方不要同時生氣。說明如下：

一、先行道歉非常重要

　　如果可行就直接向對方道歉，若是一時拉不下面子，就要先為氣氛道歉。這時可以說：「很抱歉，我今天把氣氛搞砸了，我向你道歉。」因為當你先道歉後，就是給對方一個下台階，對方便可以回答說：「沒有關係，下次小心點就好；事實上，我也沒有注意到。」這樣一來，衝突爭吵的壓力，就已經化解掉一大半。

二、先為氣氛不佳來道歉

　　基本上，和朋友、同事、配偶或家人間的爭吵，多屬於芝麻綠豆的小事。例如，買錯東西或弄壞用品，或東西擺錯位置以致於找不到等。因此，需要先為當時的氣氛不佳來道歉，這時你可以這樣說：「很拍謝，我今天沒能給你一個快樂的早上，我向你道歉。」這樣一來，就能大事化小，小事化無。使對方甚至破涕為笑，化干戈為玉帛。

三、當天爭吵當天道歉

　　發生爭吵衝突時，基於「今日事，今日畢」的原則，需要及時道歉，而不應該打長期冷戰，拖延時間或拉長戰線。因為這就好像人每天都需要規律上廁所，使腸道暢通一樣。這樣才不會發生便秘，腸道堵塞不通，傷

害到身體健康。因此發生爭吵衝突的當下，就需要馬上道歉。

四、位階為大的先行道歉

在職場或家庭中，身為主管或戶長的人要先行道歉。因為他是一單位之主或一家之主，就如同是一國之君。他在百姓蒼生（部屬、朋友、配偶和家人）民不聊生時，應當「下詔罪己」一樣。

五、雙方不要同時生氣

在發生爭吵時，需要馬上煞車，不要繼續吵下去，也就是不要雙方同時發脾氣。這樣便能夠大大減少發生大吵大鬧，爆發惡性爭吵的機率。而是有一方會等到對方發完脾氣，情緒回復正常後，再開始跟對方發脾氣。這樣才能夠使對方能夠接住發脾氣的情緒，這一點十分重要。

葛里翰說：「人際相處，乃至於幸福婚姻的秘訣，都在於能夠『和好』，向對方道歉。說：『對不起，我錯了』，來勝過人的罪性。」罪性就是心中因反對而反對的力量。也就是朋友情誼，乃至於幸福婚姻，都是兩個善於饒恕的人的相處。人和朋友、同事、配偶或家人和好，也和上帝和好，兩人之間有正確且合適的關係。更何況：「我們若認自己的罪，上帝是信實的、是公義的，必要赦免我們的罪，洗淨我們一切的不義。」

不認錯、不饒恕對方就好像是破唱片一樣的轉得不停。苦水經常倒帶，把對方一直當成是你的「心上人」，念念不忘對方曾經傷害過你的事情。事實上，同事、朋友、配偶或家人，是不會主動改變的，除非他感受到你的愛和接納。面對衝突的他人，只要能夠有效化解衝突，重拾快樂歡顏，則天底下沒有什麼不能解決的事情。幸福美滿的生活、工作、家庭和婚姻自然是指日可待，並且能夠維持長久的年日，加油。

第十章　時間管理還是「時間管你」

職涯寫真	在職涯每一個階段，都要先確認是：「時間管理」，或是「時間管你」。這時需要去確認是重要的事情，還是緊急的事情，然後再有效率的做好要做的事情。我便善用時間管理，來陸續完成26本專書、52篇的SSCI和TSSCI等級的學術期刊論文、升等正教授和特聘教授。因此，就有了本書的第十章：「時間管理」。

要分清楚：是時間管理，還是「時間管你」。不要再被時間追著跑，要起來管理時間，這是本章的重點。做法上要從需求面做好「要事優先處理」；從供給面做好「效率化管理時間」。

10.1 時間的供給和需求

掌握時間的本質特性，便能有效管理時間，即把環境上的機會，轉換成工作實力，形成偶然力。

> 我要怎樣做，才能善用時間、做時間的主人？問自己：真正重要的是什麼？

管理時間實現目標，是本書回應目標的具體落實步驟，特別專章說明。

魯迅說：「時間，每天得到的都是24小時，可是一天的時間給勤勞的人帶來智慧和力量，給懶惰的人只留下一片悔恨。」這說明了上帝公平的給每個人相同的時間，但是時間卻是需要你來有效管理。

要有效管理時間，第一步需要問你自己：是「時間管理」，還是「時

間管你」。這是因為我們需要愛惜光陰，才不會虛度一生。在這裡有兩個基本的原則，就是重要事情優先處理原則，和時間花費效率化原則。本節先說明重要事情優先處理原則。

時間管理的最高指導原則，就是重要的事情優先處理原則，也就是要使最重要的事情，持續維持在最優先處理的位置上。這自然成為時間管理的「**ABCD法則**」（如圖10-1，由A點到D點）。

「**時間管理**」（**time management**）就是事前規劃時間的使用，並且做好自我管理，改變個人的生活作息，達成更高的效率和效能。這時的**效率**（**efficiency**）是指能夠如期完成事情；**效能**（**effectiveness**）則是能夠做成對的事情。你若是能夠好好分辨這二者，並且搭配，挑選工作領域和區域，自然容易達成「**藍海策略**」（**blue-sea strategy**），就是在稀少競爭的「藍海」，藍色深海區域，好好的施展所長，再創生命高峰；而不是在競爭激烈的「紅海」區域，從事殺價競爭血流成河的熱戰。

> 時間管理的最高指導原則，就是使最重要的事情，持續維持在最優先處理的位置上。

時間管理的具體做法之一，是事務分級管理法則。就是需要用**專案管理**（**project management, PM**）的態度，將最重要事情列入成為專案，來確保能夠優先處理，進而掌握到時間管理的關鍵點。

首先，探討時間的供給和需求。基本上，時間供給和時間需求會有一個均衡點，有特定的時間價格和數量（A點）。在現代社會中，由於科技的進步，例如，飛機、高鐵、捷運、掃描、手機、網際網路的盛行，這無形中增加了大量的時間供給。在時間供給過剩的情況下，這使得均衡時間價格因而降低（B點）。然而在同時，由於慾望提高，會導致多樣化的活動的興起，例如，從事多元學習、海外遊學、打工體驗、線上社群、派對活動、遊戲電玩等。這更使得時間需求大量的增加，均衡時間價格再度提高（C點），甚至高過於原來的A點。在這種情況下，時間管理的重點便

需要轉變成爲節制時間需求，要求要做重要的事，要有效利用時間，要愛惜光陰。也就是要將均衡時間價格再度的降低（D點），甚至是低於原來的A點（參見圖10-1）。

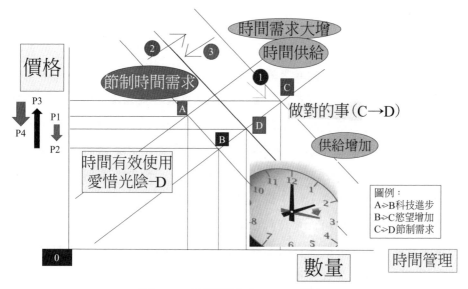

圖10-1　時間管理（A-B-C-D點）

時間管理的具體做法，就是需要將事情分級管理。確保重要的事情能夠優先處理。在這種情況下，事情分級管理便需要將事情依照「輕重緩急」，區分成：「重要性」和「緊急性」兩大類。再加以組合成：「重要又緊急」、「重要但不緊急」、「不重要但緊急」、「不重要又不緊急」的四種情形。在這當中，所謂重要的事情是指和目標直接相關的事情。例如，大學生的目標是能夠畢業，那麼修完128學分，能夠及格順利拿到學分就成爲重要的事情。畢業生的目標是順利找到工作，那麼取得重要證照，能夠順利考上公職，乃至於熟練專業知識和面試技巧就成爲重要的事情。緊急的事情是指突然發生，而需要馬上處理的事情。例如，顧客的抱怨客訴、突然來訪的親朋好友、小孩的感冒發燒、電話或手機響起、臨時起意的約會、安排假日聚餐，或張羅生日派對等。

在職涯和生活周遭，確實有很多事情是非常急迫的。例如，必須馬上

趕赴的約會、必須馬上聯絡的人士、必須馬上進行搶購、必須加入粉絲排隊等候朝見偶像明星等。然而,由於時間有限,有許多重要的事情也需要花費時間來處理。這使得我們經常需要在「緊急的事」和「重要的事」中間做選擇。若是能夠探討事情的輕重緩急,便能夠排列出優先順序,進而有效率的安排時間,在既定的時間內完成該做的事情。

例如,回想在我拿到博士學位的那一年,心中有一種衝動,想要去寫教科書和店頭書。因為我很喜歡整理、撰寫文案,也曾經寫過一本專書(《電力經濟學》)。我感謝上帝,我的指導教授張保隆老師勸阻我。張保隆老師先跟我確認,我現階段的目標是要先升等,從助理教授升等,成為大學的副教授和正教授。張老師告訴我,我現在需要做的最重要的事情,就是撰寫學術論文,投稿到國際學術期刊,預備升等副教授和正教授。至於寫教科書的事,就等到拿到正教授之後再說。感謝上帝,有張老師的提醒,這使我能夠根據我的目標,來決定出真正重要的事情。而不至於誤入歧途,只是去做「自己喜歡做」、「自己會做」、「自己想要做」的事情,而忽略了真正「重要」的事情。

10.2 要事優先處理

本節探討重要的事情優先處理法則。以下將「重要」和「緊急」的事情,安排優先處理順序如下:
1. 第一優先:「重要」且「緊急」的事 =「金牌時段」。
2. 第二優先:「重要」但「不緊急」的事 =「銀牌時段」。
3. 第三優先:「不重要」但「緊急」的事 =「銅牌時段」。
4. 第四優先:「不重要」且「不緊急」的事 =「鐵牌時段」。
   詳言之:
   首先,先做**「重要又緊急」**的事情。例如,父母親病危、家中發生火警、家人發生車禍等事務,這是必須列入第一優先處理的事情。因為若是有所耽誤,可能會發生難以彌補的遺憾。
   二者,再做**「重要但不緊急」**的事情。例如,三週以後要繳交的期末

報告、兩個月後的期末考試、一年後要考的國家考試、三年後要面對的就業問題、五年後要面對的結婚成家問題等。這應當按部就班的推動，隨時檢討執行進度。避免平日若不處理，等期限到臨時，變成重要又緊急的事情。

三者，是**「不重要但緊急」**的事情。例如，臨時來訪的朋友、臨時安排的會議、電話響起朋友沒事的聊天邀請、緊急的網路活動等。這可以在前兩項事務都已經獲得妥善安排的情況下，視時間許可的程度安插來進行。但是需要留意，不要和重要但不緊急的事情相互衝突。

四者，最後是**「不重要也不緊急」**的事情。例如，在臉書的網路平台打卡、玩電動遊戲、看手機影片消遣娛樂、看電視節目（追劇）、閒暇時逛街血拼、打手機聊天等。這應該適可而止。只有在前三項事情都已經處理完備時，適時適量的進行。但是，需要留意不要養成不良的習慣，破壞生理時鐘，殘害身心靈的健康。

也就是說，我們更能夠按照自己的生理時鐘，將一天（或一週）當中，能夠提供學習和工作的時間，分成最高效率的「金牌時段」、次高效率的「銀牌時段」、一般效率的「銅牌時段」、最低效率的「鐵牌時段」，再按照事情的輕重緩急，分配到合適的時段中，這是最好的做法。

在這時，我們需要留心時間運用上的三個陷阱：

1. **第一個陷阱是錯誤的時間配置。**當出現不合理的時間分配時，通常需要花費更多的時間，來處理因應危機，這會花費相當高的時間成本。
2. **第二個陷阱是拖延。**面對重要但卻不緊急的事情，我們通常不會很想去做，而會一再的拖延，拖延的結果就會在以後突然變成緊急的事情。
3. **第三個陷阱是做自己喜歡做、容易做、想要做的事情，逃避做重要的事情。**特別是在重要的事情是一項很困難事情的時候。

例如，我是熟練於將複雜的事情，進行簡單化工程的好手。我會強調要集中焦點，做重要的事。至於其他不重要或是微不足道的事情，則可以將它略過。我會隨時專注在最重要的事情上，這樣便可以明顯提高工作效率。我更藉著排定事情的優先順序，將重要的事情確保能夠優先被完成，

再來做次要的事情，從而降低時間的浪費，達成工作目標。

至於事情重要性高低的認定，則可依照馬斯洛（Maslow）**「人類需求層級」**來認定。我們若能依照事情重要性的高低，調整做事先後順序，必能明顯提升時間使用效能。此時，需要改變思維習慣，縱使該件事情難以達成，然因為它十分重要故決定優先完成，以成就高效能的價值成果，完成職涯目標。

其次，需要認定此事是我們想要去做，還是必須要去做，如此便能確認此件事情的絕對重要性。因為若花費過多時間在不重要事情上，久而之必會使時間需要大於時間供給，形成**時間短缺（time shortage）**現象。事實上，若是我們能夠敬畏上帝，遵行上帝所創造的時間，敬天愛人、遵守誡命，自然會有福氣。

馬斯洛人類需求層級理論的「層級」因子

換句話，一個人需要首先要顧慮到自己的「生存需要」，使生命活下去，保住健康的身體，這是最基本的底氣。說明如下：

首先，先找到工作，先求「有一份工作」，照顧好自己的**「生存需要」**。能夠獲得薪水，能夠吃飽飯填飽肚子，能夠有個溫飽的日子。

第二，然後照顧自己的**「安全需要」**。期望有一個安全的工作環境，求「有一份安全的工作」。能夠放心上下班，晚上能夠舒舒服服的睡個好覺。

第三，照顧自己的**「愛與歸屬需要」**。追求下班以後的感情需要和家庭美滿，使自己的情感需要能夠有一個歸屬。

第四，照顧自己的**「自我尊榮需要」**。是指工作上的加薪、升遷、擔任要職和掌握權力等成就表現，期望追求「有一份優質的好工作」能夠名利雙收。

第五，照顧自己的**「自我實現需要」**。是指工作上的突破自我和破紀錄表現，期望去追求「有一份能夠刷新記錄的工作」。

簡單說，我們必須先照顧自己的「生命」，使自己能夠生存和有足夠的安全感；再照顧自己的「生活」，使自己的感情有所歸屬；最後才是照顧自己的「生涯」，追求自己工作上的自我尊榮和自我實現。生命永遠

是第一順位，因為：「人就是賺得了全世界，卻賠上了自己的生命，到底有什麼益處呢？人還能拿什麼來換回自己的生命呢？」然後，在生命獲得安頓後，也就是在找到工作後，要「先成家，後立業」，先滿足「愛與歸屬需要」。若是反其道而行，「先立業，後成家」，去滿足「自我尊榮需要」，將不免會自食苦果。

10.3 效率化管理時間

本節接著探討時間管理具體方法，就是時間花費效率化原則。

> 若是能夠善用工具、培養專心習慣、運用時間管理技巧，這三個層面來入手，有效利用時間，便能夠明顯提升時間的使用效率。

時間花費效率化原則就是時間花費要有效率，（效率）＝產出（成果）÷投入（時間）。例如，做完10個水餃需20分鐘，效率就等於2分鐘完成1個水餃。要提高效率就是20分鐘要做比10個還要多的水餃。這時，我們可以透過以下三種方式，來提高時間利用的效率（參見圖10-2）。

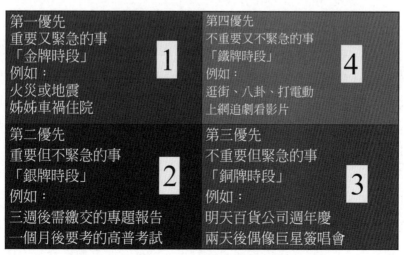

圖10-2　「重要」與「緊急」四象限的N字法則

一、利用工具與習慣增加時間供給

首先，是使用各種科技工具。例如，使用事務機器、通訊設備、運輸工具、軟硬體系統，來提高時間使用效率。又由於「工欲善其事，必先利其器」。因此熟練的使用各種機器設備可以增加時間供給，進而提高時間使用效率。這是時間利用的初級技巧。這當中的機器設備包括以下三種：

1. **事務和通訊機器**：例如，桌上型電腦、筆記型電腦、平板、手機、印表機、影印機、掃描機、錄放影機、攝影機、單槍投影機、無線電、傳真機、臉書、推特、電子信箱、手機上網、視訊會議電話、Skype、無線電話等工具。

2. **運輸工具**：例如，捷運系統、輕軌電車、高鐵、鐵路、高速公路、快速道路、飛機、輪船、公共汽車、公車專用道、纜車、高速電梯等。

3. **作業軟體系統**：例如，Word、Powerpoint、Excel、Office、Dreye、SPSS、SAS、各種繪圖軟體等。

因此，我們若是能夠妥善利用工具，自然能夠增加**時間供給（time supply）**，也就能夠提高時間利用的效率。例如，我在面對家裡裝潢而購買並組裝新家電和新家具後，所留下一大堆的保麗龍、紙片、塑膠袋、雜物、包裝紙箱等垃圾。就到大樓的管理委員會處借用一台推車，只花一趟運送工夫，就能夠清光所有的垃圾。

二者，也可以透過建立個人的良好生活習慣。例如，建立專心、用心、細心的工作或學習習慣。這樣就能夠提高時間使用的效率。因為時間管理就是習慣管理。只要能夠培養專心做事的好習慣，便能夠在無形中增加時間供給，進而自然會提高時間使用的效率。因為在專心做事的情況下，就可以快速處理事情，同時也可以連續不斷的工作。自然就提高時間使用的效率。這是時間利用的中級技巧。

例如，尼希米修造城牆，城牆就都聯結的整齊，進度快速。因為百姓都專心作工，具備專心的習慣。最後城牆修建完成，總共只花費52天，比起預定進度的2個月，甚至是超前完成；又如，我從新家具組裝工人那裡學習到，工人們2個人在組裝櫥櫃傢具時，都是心無旁騖，專心工作。並

不會聽音樂、看手機或打電動，也沒有邊做事邊聊天。在工作時，只有中場休息10分鐘，停下來喝口水、抽根菸、聊聊天。因此他們便能夠在4個小時內完成全部的工作。

　　時間管理這種事情，需要有自覺，加以持之以恆，成為一種規矩，一種生活習慣。這就有如，有人在校場上比武，若不按規矩，就很難獲勝，獲得冠冕，是一樣的道理。

二、利用管理技巧增加時間供給

　　這時是透過精進各種的管理技巧，來提高時間使用的效率。例如，底線時間原則、配置時間原則、連續時間原則、生理時間原則、零碎時間原則、制約時間原則。來增加時間供給，進而提高時間使用的效率。這是時間利用的高階技巧。說明如下：

1. 底線時間原則

　　這時是和自己約定，約定這一件事情，必須要在某一個特定時間底線內完成。透過清楚的制定出時間完成目標的底線，好督促自己如期完成。因為「目標是有底線的夢想」。例如，我會和自己約定好，在今年底以前，必須要寫完這一本書。或是和自己約定好，在未來2年內一定要完成論文升等；例如，尼希米要修建城牆時，國王問尼希米說：「你此去需要多久的日子？幾時回來？」於是尼希米就和國王約定2個月的期限，國王便歡喜的差遣尼希米前往；又如，我在面對家裡的裝潢時，便和統包的木工藍先生約定好，全部裝潢工程需要在4個禮拜內完成，這樣做是要能夠配合大樓管理委員會的內部規定。

　　例如，在我34歲拿到博士學位時，張保隆老師曾勸阻我，不要寫教科書或店頭書。直到我在43歲，拿到正教授。張保隆老師才跟我說，你現在可以寫教科書或店頭書了。「我跟你約定，一年寫一本書怎麼樣？」我就跟我的老師約定，一年寫一本書，這就成為時間的底線。現在回想起來，這項約定使我在後來的12年當中，穩定的寫出12本書。直到我的恩師，張老師過世為止。可見「底線時間」原則，對於在督促人達標上，十分的重要。（照片10.1）

照片10.1　底線時間原則，助我完成十多本書

2. 配置時間原則

　　配置時間原則是將一件大型的工作，或是重大的事情加以切割，細分成幾個小部分。再透過「**分開克服**」（**divide and conquer**）的原則，安排在不同的時段，或是透過多個人，來分別完成它。例如，尼希米修築城牆時，便是使用分配時間原則。他將建牆工作分配給許多人，各人分頭來進行。例如，先是音麥的兒子撒督對著自己的房屋修造，其次是守東門由示迦尼的兒子示瑪雅修造等；又如，承前例木工藍先生在進行木工作業時，他更是利用週四和週五兩個上午的工作時段，專心處理木工裝潢當中最為困難的部分，也就是我特別要求他精心雕琢的特殊製品。

　　例如，我使用分配時間原則來完成寫書。一本教科書通常是有15章45節，約15萬字。我就把寫書的工作，分成15個部分。再分配自己的時間，一個禮拜至少要寫出一小節。這樣來說，一本書就可以在45個週以內完成，達成和老師約定，一年出版一本書的目標。同樣的，我撰寫一篇論文就將它分成6個小節，我要求學生撰寫碩士論文就將它分成5章。這時後便需要將每一個小章節，分別制定出需要完成的時間點，並且逐步進行進度控管。（照片10.2）

照片10.2　妥善的時間管理，是成就《幸福學》書中15章內容的基礎

3. 連續時間原則

　　若是開高速公路，開車1個小時便能夠從台北到達新竹。換做是搭高鐵，更是能夠在1個小時內，就從台北市直達台中烏日。然而，若是塞在台北市區的車陣中，開車走走停停，1個小時就只能夠從台北的西門町開到內湖。這其中的秘訣就在於能夠快速行動，時間不中斷的行動。這就是運用連續時間原則，高效率的使用時間。例如，我在連續時間工作時，就關掉手機、不接聽電話、不接見訪客，同時是進入圖書室或空會議室專心寫作；又如，尼希米修築城牆時，便是利用連續時間原則，他們一半作工，一半拿兵器護衛，從天亮做到星宿出現時；例如，承前例木工藍先生在進行木工作業時，他的三人工作團隊，從上午8時工作到晚間6時，中間僅中午休息吃飯1個小時。上午4個小時和下午5個小時，連續工作不中斷。便能夠只花5個工作天，就完成三房兩廳的全部木工裝潢作業。

4. 生理時間原則

生理時間原則就是生理時鐘原則。就是我們需要在一天當中，找出最具有生產力、最具有生產效率的一個時間區段。每天僅需要2-3個小時就已經足夠，這又叫工作的「核心時間」。同時用心保護這一段核心時間，不要被其他的事情所占用，這就是最佳的時間利用技巧。這時為要保護核心時間，必要時更需要邀請上司、同事、朋友、長輩協助來完成。

例如，在連續時間和生理時間原則中，我則是在一個禮拜當中，框下兩個時段，通常是週一下午14-18時，和週五上午8-12時的時段。在這段時間中，我躲進圖書館專心寫作。並且將手機關機或轉成震動，電話改成答錄。這樣做就發揮了很高的效率，使我能夠達成目標。

> 我們需要在一天當中，找出最具有生產力、最具有生產效率的時間區間。

5. 零碎時間原則

拿破崙說：「利用零碎時間，就能夠創造時間」。這已經說明了零碎時間原則的要領，成功人士會自行創造時間。這時就是將行政事務集中處理，來節省時間。重點是愛惜零碎時間，從而不會浪費時間。例如，執行上我是先將購買麵包、購買雞蛋、劃撥匯款、郵寄包裹、傾倒垃圾、領取郵件等行政事務，集中起來同時處理。另外，在搭車的時候，我會閱讀聖經並做禱告。當然，需要注意行車安全，並且不致傷害身體健康；再如，承前例我已經學會，在晚上看電視節目的時候，同時、洗衣服或折衣服，也會在看電視的廣告時段，去洗碗或倒垃圾，有時還會掃地或燙衣服來運動身體。

6. 制約時間原則

制約時間原則就是透過工具制約的刺激，善用各種正面強化工具。例如，物質上的獎品獎勵，精神上的自我讚美打氣。使我們在某些特定時間當中，致力於工作生產，發揮時間利用的高效率。

　　例如，我在完成書本的一個章（節）的時候，都會走進便利商店，使用銅板價，購買梅花綠茶或黑松菊花綠茶（20元）；或是在夏天購買北海霜淇淋（45元）。犒賞一下自己完成既定進度，給自己做足正面強化。這種自我打氣的做法，使我重新有力氣和喜樂，繼續去寫作下一個章（節）。

　　職涯不就是應當如此精采嗎！讓我們愛惜光陰，把握每一個今天，使自己每天成長進步，更上一層樓。眞的，要愛惜光陰，因爲現今的世代邪惡，令人感到困惑。

　　例如，我在15年間，達成一年寫出一本書的目標，共寫出15本書。一本書一般需要15萬字（五南圖書公司的規定），這樣總共至少240萬字。我爲什麼能夠完成這樣龐大的成果？部分原因在於我這些年日非常珍惜時間，將時間看成是自己最大的資產。我會對自己說：「上帝賜給我的產業多麼美好，多麼寬廣！時間是我的資產，我的書本是時間。」

　　讓我這樣來說吧，我也這麼做並且徹底執行。我想：「放棄時間的人，時間也將會放棄他。」這告訴我一定要抓緊時間。我一生當中都把每一分鐘當做60分鐘來使用，把時間看做是生命，不要輕易浪費每一天。「每一天都是上帝所給的，每一天都是新的一天，都會有新鮮事等著要發生」，這是我的時間管理哲學。

圖10-3　提升時間使用效率的六種管理技術

第十一章　職涯壓力釋放

職涯寫真

本書的第11章是：「職涯壓力釋放」。就是在日常生活當中，學會和壓力共處，做好壓力管理。我從一個每天失眠，需要吃一到兩顆安眠藥才能入睡的人，到成為每天看到床就能很快入睡，並且能夠一覺睡到天亮，這是因為我壓力全釋放，有美好心情的緣故。

還有就是日常生活上的壓力釋放管理，首先做打開壓力的潘朵拉盒子，這需要清楚的看出，壓力等於心想減去事成，這當中包括：在壓力鍋中調整自己、追根究底消除壓力源兩個部分，來釋放自己的職涯壓力。

11.1 壓力的潘朵拉盒子

「壓力」（pressure）在概念上就是，在特定的時空中，你身心感受到被壓迫、被擠壓的力道。這就好像是有一股沉重的力量，重壓在你的身上一樣。簡單說，「壓力」等於「外在沉重的力量」，減去「你身上可以承受的力量」之後的結果。而當周遭環境上「外在沉重的力量」，明顯大於「你身上可以承受的力量」，就表示你的「亞力山大」—壓力超大。

就你個人的心中所想的是：你這時所感受到的「外在沉重的力量」，就是你心中想要達成的期望—你的「心想」；而這時「你身上可以承受的力量」，就是真正發生在你身上的實際結果—你的「事成」。因此，「壓力」可以就是你心中想要達成的期望「心想」，和真正發生在你身上「事成」的實際結果，兩者中間的落差。壓力的公式：**「壓力」=「心想」-「事成」**（參見圖11-1）。

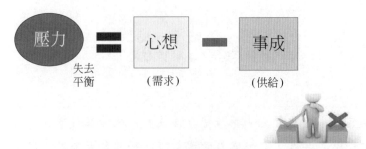

圖11-1　壓力是什麼

「壓力」＝「心想」－「事成」。

這時候有三種「壓力」大增的情況，說明如下：

(1) 第一，當你的心裡愈發看重某一件事情，期望它一定非得要實現，你就愈發加給這件事情價值。這就相當於你提高了你的「心想」，使得心想和「事成」的距離加大。你也就會愈發感受到「壓力」大增，需要進行壓力管理。

(2) 第二，而當你的身心疲倦、睡眠不足或生病時，這時就愈發降低你身體的可承受力。這就相當於你「事成」的能耐度為之減低，降低了你的「事成」。同樣使得心想和「事成」的距離加大，你也感受到「壓力」倍增，需要進行壓力管理。

(3) 第三，而當你所在乎事情的發展不如你的期待時，這時所謂的在乎事情，就是你的「心想」；這時所謂的不如預期，就是你的「心想」繼續增大。在你的「事成」維持不變的情況下，同樣會加大「心想」和「事成」的距離。這明顯也產生壓力，需要進行壓力管理。

　　如果把「心想」看成是需求，「事成」看成是供給，那壓力就等於「需求大於供給」的情況。需求大於供給就產生短缺，因此，壓力就是心力短缺，不勝負荷的情況。這樣來說，面對心力無法應付，身心俱疲的壓力問題，就可以從以下供給面管理和需求面管理，兩個大方向來管理壓力。

面對心力無法應付，身心俱疲的壓力問題，就可以從供給面管理和需求面管理，兩個大方向來管理壓力。

必須一提的是，國內外旅遊當然是放鬆心情，降低壓力的良方，只是需要請假且所費不貲，需要考量自己的工作和經濟情況，量力而為（照片11.1）。然而，也可能旅遊回國後，壓力迅速累積，沒多久又壓力滿檔。以下兩節即是討論在平時就可以完成的壓力釋放方法，無須請假也無須花大錢，而且可以有效釋放壓力。

照片11.1　旅遊是放鬆心情，降低壓力的良方，只是所費不貲（與妻子搭船遊釜山）

11.2 在壓力鍋中調整自己

第一種壓力管理的法寶是在壓力鍋中調整自己，這是「**供給面管理**」（**supply-side management**）。供給面管理是由供給方增加供給，來降低壓力的增添。主要是從壓力的承載量來入手，提高承擔壓力的容量。就是

努力提高你的身心承受力的「供給」能耐，努力提高自己的「事成」水平。這時是藉著提高「事成」，來縮小和「心想」的差距。

　　具體來說，壓力鍋中調整自己的供給面管理，就是使用一些手段，來調整自己身心所能承受的容量。這時主要是透過重新調整、規劃自己的能耐，來轉換形成具有生產性的動能，進而使自己更容易來對抗各種身心壓力。做法有三種（參見圖11-2）：

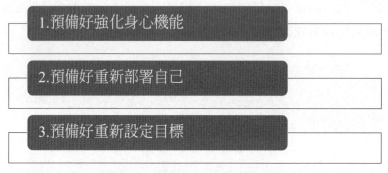

1.預備好強化身心機能

2.預備好重新部署自己

3.預備好重新設定目標

圖11-2　紓解壓力的供給面管理

1. **預備好強化身心機能**：是重新調整內心思想、認知態度，或生活次序，來增加身心內在能量。例如，建立運動習慣、強化健身伸展、學習身心課程、訓練心靈重建、練習經常大笑、練習各種體操、重塑全身心、進行情緒治療等。

   例如，我在這十多年來，一直維持著慢跑、快走、散步和泡湯的習慣，並且依靠上帝，保持常常喜樂，凡事感恩，這使我的身心機能得以穩固，甚至能夠強化。

2. **預備好重新部署自己**：是透過重新調整認知架構來轉換成身心上的承受力，來增加身心內在能量。例如，重新調整個人信念和價值觀、建立正面的思想和意念、建立正面積極的生活態度、建立練習樂觀的習慣、練習感恩和讚美、練習品味生活等。

   例如，我在碰到一些不如意的事情時。例如，助理沒有照我的意思或時間內辦完所交辦的事情時；或是有不速之客突然插進來，打亂既定行程步調時。我會很不高興，並且不給對方好臉色。後來我開始學習

先和自己的內心對話：

「這件事情不過是一件小事情，我何必為它抓狂、生氣啦！」

「這些都是芝麻小事，現在也沒有什麼是大事了！」

這樣一來我的壓力馬上大大減輕，哼起小調，我唱歌的次數也就自然增加了。

3. **預備好重新設定目標**：是透過重新調整目標，來形成實質上的新承受力。進而能夠綜觀全局，提出可大可久的大政方針。這包括訂定務實目標，專注重要事項、避免力量分散。例如，若預知會有壓力衝突發生時，就需要站在制高點，訴諸更高層次的目標。並透過超然目標，來轉移焦點，化解衝突，降低壓力。需要重新釐清自我的價值觀、排定優先次序、制定超然且具體可行的目標、排定優先任務項目、認定可能的挑戰，且據以展開行動計畫。

例如，我在擔任通識中心主任時。由於同時要追求論文期刊發表、通識業務督導，還要進行專書撰寫、通識課程教學、研究所課程、指導研究生論文等。這使我備多力分，壓力爆棚。後來我釐清自己的價值觀，重新設定目標，專注在專書撰寫和通識課程。我發現壓力就明顯的降低了。回頭看那時撰寫出來的通識專書：《管理與人生》、《生涯管理》、《幸福學：學幸福》等書，我很高興那時候依從自己的本心，做出正確的選擇。

特別是在壓力鍋中的現代人，最明顯的現象就是在壓力下，白天心煩意亂、脾氣暴躁、貪愛美食，晚上睡不安穩，並且日復一日，「失眠」便成為最明顯的症狀。在這個時候，需要在壓力鍋中先減壓，就是使用一些方法來降低身心所承受到的壓力。主要重點是透過降低外界環境的干擾情形，以及增加自己的承受力量，來對抗外界的壓力。這是屬於供給面的減壓，是最為常用的解壓方式，具體的做法包括：

1. **預備好適合睡眠的環境**：首先預備好容易入睡的外界環境。這時候消極上要先排除噪音、光源等，會干擾你睡眠的外在因素。例如，播放輕音樂或完全不播放音樂，並且將室內燈光調暗；在積極上則是營造出臥房、床鋪、牆壁顏色等促進睡眠的外在因素。可以選用優質的臥

房寢具，並且臥房選用柔色系的牆壁塗料等。

例如，我就選用含有鈦、鍺、黃金和圓周率（音拍），四項元素組合的鈦澤遠紅外線產品的棉被、床組、枕頭、眼罩等寢具，並且臥房備有酯類的桂花或甜橘精油協助入睡。這使我很快就能入睡，並且一覺到天亮。

2. **預備好自己的身心狀態來入睡**：讓你自己的身心準備好要睡覺了，這時候消極上要避免製造新的刺激和興奮，以免副交感神經過於亢奮，阻礙睡眠。例如，睡前三小時不要喝咖啡或茶等刺激性飲料、睡前兩小時不要運動以免身體太過於興奮、睡前一小時不要進食好讓腸胃消化完畢、睡前半小時不要看電視、電腦、手機，以免持續刺激腦部等。在積極上則是讓自己的身心能夠放鬆，釋放疲勞身心。可以在睡前做深呼吸、躺一下按摩椅、緩慢散步、喝熱牛奶、洗熱水澡、泡溫泉湯、精油按摩等。

例如，我在睡覺前，會去躺一躺15分鐘的按摩椅，並且洗個熱水澡。同時遵從：「床是用來睡覺的，不是用來想事情的」。上床就是睡覺，不去討論工作，這就使我很快就進入夢鄉。

3. **預備好進行睡眠的儀式**：你可以安排一些既定的睡眠模式，讓大腦預備進入睡眠狀態。睡眠儀式既然是一種「儀式」，就是盡量每天維持固定的時間、固定的地點、固定的順序，讓大腦被制約，進入想要睡覺的情境。它並沒有標準的方式，但是大致上的概念，就是在晚上睡眠前一個小時，進行一些規律發生的活動。可以十點鐘洗澡、喝牛奶、刷牙洗臉，10點半聽一段輕音樂、笑話、故事、禱告，然後11點關燈、睡覺。

例如，我的睡前十分鐘儀式是喝杯牛奶，快樂刷牙，接著戴上眼罩，做一個簡短禱告，然後睡覺。這就使我能夠躺臥睡得香甜。

4. **預備好「給身體加溫」**：給身體加溫，就是讓身體保持溫熱，使全身充滿舒適的感受，進而能夠逐漸放鬆身體和心理的緊張感受，達到容易入睡的結果。因為醫學已經證明，身體溫熱是促進睡眠的有效因子。可以泡40度的熱水澡10至15分鐘；使用熱水袋或暖暖包溫熱

身體；睡前30分鐘使用約40度的蒸氣晚安貼，使用包覆貼貼在後頸部位；泡完澡後使用肚圍包來包覆肚子，維持胃腸等內臟溫度，確保生理機能正常運作。

例如，我在床上的時候，會用雙腳合拍20次，活化副交感神經並放鬆自律神經。同時搓熱耳朵下邊的臉頰，再搓熱耳朵的內部和背部，同時用手指連續抓頭頂，疏通頭部穴道。使頭部穴道接受刺激散發溫熱，這容易使我入睡。

使用各種方式，使你的身心在壓力鍋中先減壓，壓力能夠釋放。釋放疲勞的身心，放鬆來促進入眠，乃至於強化身心機能，使你疲累的身體獲得休息，缺乏的心靈獲得舒壓，因此能夠入睡。你也能夠儲備身心能量，重新得力再出發，因而能夠擺脫愈睡愈疲累的惡性循環，能夠一夜好眠。而我必安然躺下睡覺，因為獨有上帝使我安然居住。每一天醒來，都是清新飽滿的一天。

11.3 追根究底消除壓力源

第二種壓力管理的法寶是追根究底消除壓力源，這是「**需求面管理**」（demand-side management）。就是將壓力來源從根本上加以減少，甚至是消失不見。需求面管理是由需求方減少需求，來降低壓力的添加。主要是從壓力的源頭來入手，減少形成壓力的事物。由於壓力是「心想」和「事成」之間的差距，這時便是從需求端降低期望的「心想」，使內心想要的「心想」，盡可能接近現實可承載的「事成」。這樣就會將壓力源大幅減少，甚至消失，來快速消除壓力。具體追根究底消除壓力源的方法，包括放下想消除壓力源、延後期望消除壓力源，兩個大方向，說明如下（參見圖11-3）：

一、放下空想消除壓力源

要放下空想來消除壓力源，就是直接降低沒有必要的「心想」。就是要分辨這時候你的「心想」，是你自己的基本需要，還是你心中的慾望和

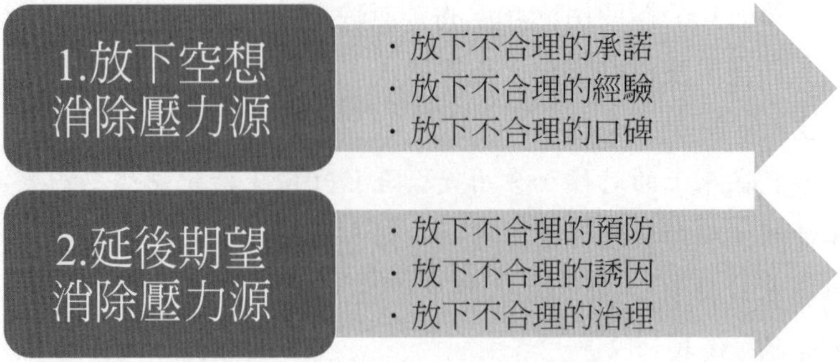

圖11-3 紓解壓力的需求面管理

想要,或是被外界刺激誘發出來的假性需要。至於降低「心想」的做法,是將「心想」與「事成」對齊,就是恢復「心想」到你可以承受的「事成」水平。具體做法就是將期望和承諾、經驗、口碑等三種對策方案相串連,包括:

> 要分辨這時候你的「心想」,是你自己的基本需要,還是你心中的慾望和想要,或是被外界刺激誘發出來的假性需要。

1. **放下不合理的承諾**:承諾是某一方對另一方答應給予某些好處或條件,而有利於對方的事物。這樣一來就會使對方有所期待,期待在某個時間點,必定能夠得到對方答應的事物或好處。於是放下不需要的承諾就會消除不必要的期待,進而消除壓力源。例如,有一位甲先生自我承諾要在一年內升上主管,這個承諾使得甲先生產生擔任主管的期待,產生龐大壓力,導致他失眠。他需要減少這個承諾壓制來降低壓力。

   例如,我在2017年自我要求,希望在三年內升上特聘教授,這個承諾使我產生想要撰寫大量學術期刊論文的期待,產生太大的壓力,使我有一段時間失眠。後來我降低這個自我承諾成為五年後才升等,結果我就能夠安然入睡。

2. **放下不合理的經驗**:經驗就是曾經經驗過的某種體驗感受,這自然會

聯想到下一次也能夠獲得同樣的對待或體驗，因而對於下一次的活動有所期待，產生無謂的壓力。例如，有一位甲先生上個月的銷售業績表現耀眼，在任職單位中奪冠，於是他期待下個月的促銷活動也能夠維持，甚至是打破這項紀錄，這產生太大的壓力，導致他失眠。他需要切斷這種經驗上的聯結來降低壓力。

例如，我在2019年的期刊論文發表成績亮眼，於是我期待2020年也能夠維持，甚至打破這個記錄。這就產生天大的壓力，使我的睡眠品質不好。後來我切斷2019年投稿論文好成績的經驗聯結，結果我睡不好的情形就獲得明顯的改善。

3. **放下不合理的口碑**：口碑就是從四周他人的口中，所說出來的意見或推薦建議，這會對還沒有經驗過的人，產生卓越品質的聯結，進而對於類似行動產生期待，產生無謂的壓力。例如，同單位的高級專員甲先生宣稱，有些同仁的業績表現十分亮眼，不只是突飛猛進，還遠超過本單位的平均業績。這會使得本單位的甲先生產生比較上的壓力，形成追求高業績的期待，產生過大的壓力，導致失眠。甲先生需要切斷前述口碑上的影響力，來降低壓力。

例如，有同事宣稱我撰寫期刊論文和申請國科會計畫，績效表現都十分亮眼，超過其他教授。這使得我產生比較上的壓力，形成追求期刊論文刊登和計畫錄取的期待，產生山大的壓力，導致我晚上睡不安穩。後來我切斷這種口碑上的聯結，結果睡眠品質很快就變好了。

二、延後期望消除壓力源

延後期望來消除壓力源就是防微杜漸，先把心中的期待擱在一旁，直等到未來的供應和生產量能，能夠有所增加的時候，再來提高心中的期待。也就是現階段必須要先緩一緩，等待時機成熟再說。這是一種將心中理想的「心想」延後發生的「事成」做法。重點在於能夠事先處理潛在性的問題。這當中包括預防、誘因、治理三個方面。

1. **放下不合理的預防**：預防是未雨綢繆的是先做好準備，這基本上是好的。只是不要太過於預防，產生過大的壓力。例如，在上半年的工作

上，甲先生爲要應付年底的年終考核，就超前部署、過分緊張，導致壓力太大而肚子痛，晚上睡不著覺。他需要延後年底年終考核的預防，改成切割成第三或第四季再來預防。

例如，在大學社會責任計畫申請上，我爲了組成四隻申請隊伍，就超前部署，到處張羅。我過分緊張，壓力過大導致拉肚子，晚上睡不好覺。後來我延後組成第四隻隊伍的時間，放下不合理的預防，結果我的睡眠品質就有明顯改善。另在臺北大學商學院大學社會責任計畫年度考評上，爲面對教育部評審委員的當面考評，也會緊張，這時就需要放下不合理的預防，是整個團隊來共同面對，再將結果交託上帝，這樣我的壓力就大大減輕。（照片11.2）

照片11.2　商學院大學社會責任計畫團隊全體共同面對教育部年度考評

2. **放下不合理的誘因**：誘因是給予外在的物質或精神上的好處，這基本上也是好的。只是不要太過於強調，產生過大的壓力。例如，在誘因上公司公布今年業績冠軍者，就加發年終獎金四個月。這使得業務員甲先生奮力拚搏，想要領到這四個月的年終。他給自己過多的壓力使得晚上睡不好覺。他需要延後今年獲得年終獎金的誘因，改到下一次的誘因期望。

例如，在國際學術期刊論文的績效評估上，我為了多寫些好論文，獲得校方的獎勵。我給自己過大的壓力，使得晚上睡不好覺。後來我選擇放下這個不合理的誘因，我的睡眠情況就奇蹟似的變好。

3. **放下不合理的治理**：治理是實施外在的行為規範或印象管理，這基本上也是好的。只是不要太過於約束和強調，產生過大的壓力。例如，在治理上公司主管提出8點10分召開早餐會報，貫徹走動式管理，強調見面時需要九十度彎腰行禮，並且需要叫出對方的姓名，甚至是規定每天拜訪顧客的次數和時間。這使得身為業務員的甲先生神經緊張，壓力過大導致晚上睡不著覺，連續掛病號。他需要放寬心情，將治理調整到延後發生。

例如，我為了要做好年度的師生海內外大學和企業參訪。強調學生們需要做到服裝整齊、準時到達，並且要主動提出問題。那時的我過分神經緊張，壓力超大，使得我晚上睡不好覺。後來我就放寬心情，放下不合理的治理，結果我就能夠一覺睡到天亮。

晚上躺臥能夠睡得香甜，就是今天努力做工後，把做工的結果交給上帝，就可以讓壓力完全消失不見，然後再放心去睡覺。這是因為：你們清晨早起，夜晚安歇，吃勞碌得來的飯，本是枉然；唯有上帝所親愛的，必叫他安然睡覺。

> 努力做工後，把做工的結果交給上帝，就可以讓壓力完全消失不見。

最後，我們可以利用**事前預警（early alerting）**，察覺到自己情緒的可能波動。利用一些線索（cue），例如，疲累、飢餓、口渴、貪食、忙碌、壓迫、著急、衝突等，預先提醒我們，自己情緒已經到達滿水位，需要及時紓解，以免情緒爆棚。預警線索是一個有效的設計，能夠讓我們事先防範，避免發生情緒失控。

特別是若有人突然冒失插入，打斷你我的工作流程或既定行程。如果這樣的事是無法避免的，那何不試著轉換一下心情。把被他人打斷當做是

自己工作的一部分，讓它成為你我「預警」中的必要環節。這樣你我既不會因為想要做其他的事情而心焦如焚，甚至是暴跳如雷，也不會因為受到挫折而心情低落。

一個好的做法是找出衝突的導火線，就是哪些因素會引起劇烈的衝突；有哪些特定的個人、事物、說話、行動、習慣，會使你我失去理智；在衝突前通常會出現哪一些明顯的徵兆，必須及時因應等；這些徵兆有：提高說話分貝、拉出尖銳音調、臉紅脖子粗、氣喘的說話、說出某些特定用詞等。

例如，若是妻子處在壓力鍋中，或是身體正不舒服，她的臉上也會寫著：「不要來惹我」五個大字。我需要特別留意，不要踩到她的紅線，引發不必要的爭吵。

當然，當時這也告訴對方要提高警覺來對話，這是另一個預警系統。你我需要事先檢查自己情緒水位的高低，是否已經到達滿水位。若是身體已經十分疲累，或是今天已經開了一整天的會議，就特別需要留意。

例如，我在回家之前，若是心情不是很好，或是工作上碰到棘手事情。我都會事前用LINE提醒愛妻，今天我的情緒水庫已經滿載了，我隨時都有可能會爆炸，請妻子先行注意，小心對話防範，避免踩到我的地雷。

這個時候，我們各人要快快的聽，慢慢的說，慢慢地動怒生氣，控制住自己的情緒。

第十二章　職涯溝通與人際關係

職涯寫真

本書的第12章就是：「職涯溝通與人際關係」。就是在職涯生活當中，和我周圍的愛妻、家人、長官、同事、同學、朋友的快樂溝通、溫情對話。這當中更包括：水平溝通、垂直溝通、交流溝通三個部分，這是要為下一章幸福溝通打好基礎。

本章就是職涯生活溝通與建立人際關係，首先做好快樂溝通，這需要簡單的事重複做，做好「水平溝通」，不漏接任何訊號；做好「垂直溝通」，不錯放顛倒順序；做好「交流溝通」，不僵化角色扮演。

12.1 水平溝通不漏接

首先指出的是，溝通中的**「對話」**（**dialogue**）一字，實為「dia」和「logue」的合體字。其中「dia」指穿透，而「logue」則源自「logos」的字形，指字面意義的本身。故對話是需要穿透雙方說話的字面表層意義，進入內心的深層交流，這是雙方溝通對話交流的本義。

總括一句話，職涯管理上，溝通的重點在於瞭解對方，而不是建立共識。因為職涯溝通是雙方進行聽和說，所連接的過程，目的是要瞭解對方真正的想法和意見，進而感同身受對方的感覺，藉以發現真實的對方，至於是否需要進一步建立共識則是第九章衝突協調管理來創造雙贏的內容。

發揮我們管理能力的核心行動是，推動他人完成事情。我們若是想要完成事情，就需要凝聚眾人的力量，因為獨木實在是很難撐住大廈；而想要推動他人，就需要有穩固的團隊關係。這時候發揮管理能力的重點便在於「溝通」。

在管理他人當中，**「溝通」**（**communication**）是關鍵的媒介。因為

我們說話的目的通常有二個，一個是要表達自己意見，另一個就是想要聽取對方的意見。說明如下：

1. **要表達自己的意見**：說話人的用意在於吸引別人的目光，甚至是吹噓自己的知識和能力。事實上，除非對方想要聽你說話，否則這種聲音便是躁音，並且會使別人煩心。就好像是車子鳴笛、有人敲鑼打鼓、開動機器設備，有震耳的聲響進到聽話人的耳朵中。

2. **要聽取對方的意見**：說話人的用意在於陳述事實真相，並且引導他人表示意見，希望能夠獲得對方的寶貴建議。事實上，這時候是能夠真正打開和別人溝通互動的開關，溝通聯結他人，擴展關係人脈。因為說話者完全沒有想到自己，因此能夠表達、接納和信任對方，進而開始建立關係。

　　談到職涯管理發展和領導團隊時，充分溝通絕對是必要的條件。理由是建立團隊的關鍵之一是溝通，溝通能夠連接每一個人的內心，連接到所要帶領的人。這時溝通就會被看做是「水平溝通」，是一種橫向的歷程。

　　在說的方面，溝通對話需先聆聽，在傾聽發訊者說完話後，接下來就是收訊者說話表示自己意見的時刻。在說話的方面，最重要的是謹慎言語，重點發言。要發揮言語的影響力「一句話就能改變對方的一生」，特別是握有權柄者所說出的話。因為生死在舌頭的權下，喜愛它的必吃它所結的果子。故溝通說話是一段水平溝通的「愛、生活與學習」過程。

　　水平溝通是最典型的訊息傳遞過程。目的是要將訊息，正確無誤的傳送到對方身上，不會產生漏掉訊息的情形。這就是巴洛（Barlo）所提出來的**「水平溝通模式」**（horizontal communication model）。水平溝通模式包括五個因素：說話方、資訊編碼、中介干擾、資訊解碼、對方（參見圖12-1）。說明如下：

一、說話方

　　當說話方想要告知對方一些資訊時，說話方就成為「說話方」，表示訊息來源的一方，就是溝通的發動方。在這種情形下，為了不漏掉任何的資訊，說話方需要避免發生以下的兩種情形：

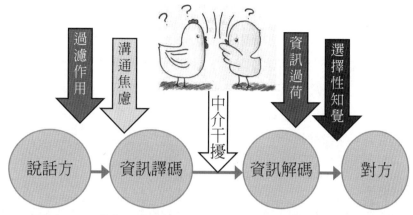

圖12-1　巴洛水平溝通模式（Horizontal communication model）

1. 溝通焦慮

　　溝通焦慮（**communication anxiety**）是指說話方因為擔心、害怕或憂慮，導致一時忘記了自己想要表達的事情。這時說話方便落入心中擔憂或是恐懼，表現出十分緊張或害怕的情緒，導致說話顫抖或是結巴，沒有辦法順利的說話，或是忘記某些事情，沒有辦法想起來。例如，公司新進員工面對上司問話時，若是沒有心理準備，就會因為緊張而支支吾吾，結巴的說不清話，出現溝通焦慮的現象。

2. 過濾作用

　　過濾作用（**flitering effect**）是指說話方想要討好對方，以致於刻意過濾掉某些應該報告的內容。就是說話方因為想要取悅對方，刻意操弄所說資訊的內容。這時通常會是「報喜不報憂」，只說出對方想聽的恭維好話。例如，員工面對上司，經常是小心伺候，專挑好事情講，而隱瞞壞消息，遣詞用字也會非常考究，專說好聽的話。這時即就已經發生過濾作用，過濾掉重要的資訊。例如，同時有顧客抱怨和經銷商拜訪兩件事情發生，承辦人員只通報經銷商來訪的這一件事情。

溝通焦慮和過濾作用是說話方經常會碰到的溝通障礙。

二、資訊編碼

當說話方想要告訴對方資訊時，說話方會先在腦中理清思緒。想好怎樣的說話，使用特定的語詞，就是「**資訊編碼**」（information encoding），或稱做「**譯碼**」。資訊編碼非常的重要，因爲錯誤的編碼就會產生誤解，甚至是需要重複再說一次，這會導致對方的反感，以致不願意繼續溝通。在這種情形下，說話方需要做好資訊編碼。這時要留意兩件事情：

1. 邏輯清楚

說話方需要先整理思緒，有條理的表達事情。最好是先說結論，再說明當中的理由，並且將「客觀事實」和「主觀意見」加以區分。

2. 用字準確

說話方需要選擇對方容易瞭解的話語或字句。說話方需要根據對方的文化背景和教育程度，選擇適當的詞語。因爲若是對方的學歷背景比較低，而說話方卻一直使用學術性理論術語，或許會使對方敬佩其學養，卻是沒有辦法清楚溝通；另外若是對方是來自於基層，說話方老是說一些艱深的語句，或許會使對方印象深刻，但是卻無助於明確溝通。

三、中介干擾

當說話方告知對方訊息時，環境干擾的情形稱爲「**中介干擾**」（intervening effect）。中介干擾主要是指溝通場所的條件中介，因而和主體資訊之間，產生「**訊息競爭**」（information competition）的情形。中介干擾容易使當事方產生暫時性的煩躁情緒。例如，辦公室環境、街道環境、客廳環境或捷運站環境。這時外界的環境經常會呈現出人車聲音雜沓、手機鈴聲、事務機具操作聲、電視和音響聲等，形成雜音干擾現象。中介干擾包括兩種的干擾，說明如下：

1. 可控制性干擾

所謂**可控制干擾**（controllable intervening），是指環境的中介干擾，可以被說話方或對方所控制著。例如，辦公室環境中的電話說話聲、家中客廳環境中的電視機播放聲、臥室環境中的電腦影片播放聲等。這時

的說話方或對方，可以請求他人稍微降低音量（例如，電視機、音響、電腦或手機說話的聲音），將聲音干擾降低到可以容忍的範圍。

2. 不可控制性干擾

所謂**不可控制干擾**（uncontrollable intervening），是指環境的中介干擾，無法被說話方或對方所控制者。例如，馬路街道中的車輛喇叭聲、捷運站月台中的播音呼叫聲，或運動場中的廣播聲和加油聲等。這時在溝通時，對方沒有辦法排除干擾，沒有辦法進行準確的解讀，甚至是沒有辦法聽清楚資訊的內容。例如，在捷運車廂內用手機通話時，因爲受到環境（捷運行車聲、車內廣播聲、其他旅客說話聲、孩童哭叫吵鬧聲）的干擾等。

四、資訊解碼

當說話方告知對方訊息時，對方收到資訊後，會在內心中解讀該項訊息的意思。這就是「**資訊解碼**」（information encoding），或稱「解碼」。資訊解碼非常關鍵，因爲忽略這一解碼就會產生誤會，甚至是發生衝突。在這種情況下，對方需要避免發生以下兩件事情：

1. 資訊過荷

所謂「**資訊過荷**」（information overload），是指說話方在很短的時間內，傳送過多的訊息，超過對方所能消化吸收的上限，導致發生資訊過荷的超載現象。例如，某個人正在忙別件事情，說話方突然插入談另外一件事情，並且向對方提出五項要點，導致對方的資訊負荷過重，沒有辦法記住說話方所提出的五項要點的情形。

2. 選擇性知覺

所謂「**選擇性知覺**」（selective perception），是指對方基於個人的個人特質、過去經驗、現在身心條件、動機需要、生涯時期等，會「選擇性的」傾聽說話方所說出來的訊息。例如，對方通常會選擇新鮮獨特、趣味活潑、和自己相關，或是具有重大影響力的事情，進而選擇性的接收眾多資訊。例如，學生會留意老師所提到和期中考試，或是繳交作業報告有關的資訊。

> 收訊者一般會選擇新鮮獨特、趣味活潑、和自己相關，或具有重大影響力的事物，選擇性接收資訊。

五、對方

當說話方告知對方訊息時，對方收到訊息後，就成為對方。

在這個時候，我需捫心自問：「什麼是雙方關係的起頭？」「我怎樣才能夠啟動，並且建立起和他人之間的人際關係？」這需要先學習做好自己的功課，才能夠開始經營雙方的人際關係，和他人開始做有效的溝通。

12.2 垂直溝通不搖晃

> 當你溝通時，他人瞭解你說話的內涵嗎？

要強化個人的管理能力，需要能夠透過溝通的內容，來深化關係，也就是落實**垂直溝通（vertical communication）**，貫徹社會滲透的工程。理由是管理能力的明顯記號是，個人能否對他人主動表達讚美和分享。若要管好自己，運用頭腦就可以；但是若是要管理並且領導他人，就必須用心經營才可以。因為領導的真正意義，就是一個人有多少人跟隨他，和跟隨者是否能夠為著領導人，做到情義相挺，來判定。

「社會滲透」是指一個人對於他人的浸染滲透程度。社會滲透的深淺情形，在某種層面也表示一個人對於他人的影響力和領導力道。社會滲透的程度可以區分成為五個層次，就是溝通的五個深度。包括：寒暄問候、談論他人的事情、談論自己的事情、談論自己的感受，和攀上溝通高峰。這就是奧肯（Altman），所提出的**「社會滲透模式」（model of social penetration）**（參見圖12-2），說明如下：

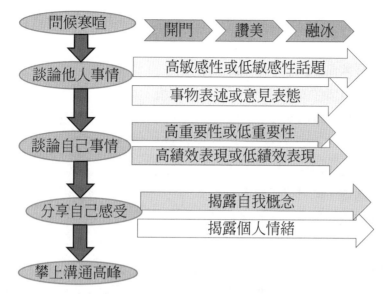

圖12-2　奧肯的社會滲透模式

一、寒喧問候

　　在社會滲透模式中，寒喧問候就是打招呼。打招呼的功夫十分重要，學習說一些「歡迎、請、早安、謝謝、很棒、對不起、很抱歉」等問候語言，可以很快的和對方拉近距離。這包括三種話語，說明如下：

1. 開門式話語

　　開門式話語能夠很快和對方搭建起友誼橋梁，脫去冷漠和無感，快速進入正題的對話。常見的開門式話語有「歡迎、請、早安」。例如：

　　「歡迎，歡迎您，近來都好嗎？」

　　「您能來我這裡，眞是歡迎，我感到非常榮幸，我很高興您能來！」

　　「請坐，請喝茶！」

　　「請您幫忙，因爲我迷路了，請告訴我到火車站的路怎麼走。」

　　「請告訴我，這裡發生什麼事情，我想知道～？」

　　「伯母早安，伯母近來一切都好嗎？我能夠幫什麼忙？」

2. 讚美式話語

　　讚美式話語能夠很快的就使對方留下美好的印象，並且馬上化解可能會有的對立情結，避免發生誤會。從而對方會將說話方看做朋友、同好、

同路人，或同一國的人。常見的讚美式話語有「很棒、很好、謝謝」。例如：

「我喜歡你的點子，你做得太棒了！」

「這件事情你做得超棒的，給你十個讚！」

「您的報告寫的真詳細，條理分明，內容豐富，謝謝您的用心。」

「您燒的菜，味道真好，特別是紅燒獅仔頭，口感真棒；還有宮保雞丁，好想再吃一口。」

「謝謝您，真得很感謝！」

「謝謝您，您真是個大好人，大善人。」

3. 融冰式話語

融冰式話語能夠有效消除對方，因為說話方的錯誤話語或行為，所產生的生氣、憤怒或對立姿態。甚至是能夠使對方寬恕、原諒，重新再度接納說話方，化干戈為玉帛。常見的融冰式話語有「對不起、很抱歉、我錯了」。例如：

「對不起，等等，你說什麼？」

「對不起，是我搞錯了，把某甲看成某乙！」

「抱歉，這一切都是我的錯。」

「很抱歉，是我疏忽了，你能夠原諒我嗎？」

「我錯了，我真得大錯特錯了！」

「我錯了，我真的不知道該怎麼辦？」

更進一步，「請、歡迎」的開門式話語，可以很快和他人擺脫無感的關係。容易搭建起友誼的橋樑，快速切入討論正題；也就是「很棒、很好、謝謝」的讚美式話語，可以很快就讓他人對我們留下美好的印象，並且化解雙方可能會有的對立情結，使對方將我們看成同一條路線的朋友或同路人；至於「對不起、很抱歉」的融冰式話語，則可以化解對方，因為我們的錯誤行為，所造成的對立感受。進而使對方有機會重新接納我們，化解誤會而成為朋友。

誠如所羅門王說：「一句妥善的說話言語，好像蜜蜂蜂房裡的花蜜，同樣的令人感到甜美。」

二、談論他人事情

所謂**「談論他人的事情」**。是指雙方開始談天說地，談古論今，至於談論的話題甚至可以無所不包。內容可以包括：美國總統拜登和中華民國總統賴清德的每天行程、中央銀行提高銀行準備率、中國政府選擇性信用管制打擊炒作房地產、政府電力價格調漲、美牛瘦肉精進口議題、房地合一稅課徵、中韓日洽談自由貿易協定（FTA）、政府打房自然人第二房貸款上限降至六成、立法委員職權法移請覆議案；乃至於賽車跑馬、運動賽事、品茗賞鳥、烹飪時珍、藍染雕刻、景觀庭園、家居裝璜、調酒烘培、花鳥星辰、民俗軼事等。這時雙方就已經具備趣味相投的互相吸引元素。然而，談論他人的事情卻只是點到事情的表面，並沒有碰觸到當事職涯生活層面。因此仍屬於**表面化溝通（facial communication）**。

1. 事務表述或意見表態

談論他人事情更可進一步區分成**「單純表述」**和**「自我表態」**兩個層面。若只是停留在單純表述階段，則僅是**「表面特質」**的敘述，談論內容僅止於大眾熟悉的內容，則成為工作同事、學校同學、企業夥伴的形式。這只是單純的資訊交換關係，這時容易造成無感的關係，反而不會晉升成為朋友關係。因為這時候並沒有牽涉到，需要揭露自己立場或態度。這也就無關乎彼此會成為敵人，或仍然只是同事。而只是有如新聞記者一樣的報導消息而已，雙方的關係一如第三方一樣的無關緊要。而若是過度操作這個層面，更有可能更是虛假。這反而不利於雙方建立實質的關係，甚至最後會形同陌路。

> 只有溝通當事人對某些特定事物的「自我表態」，即表示自己的意見和看法，才是建立雙方友誼關係的開端。

例如，淑英小姐在工作上結識自稱行銷達人的大雄。大雄相貌長的英俊瀟灑，又博學多聞。對於天文、地理、風土、民情、星座、花鳥、品茗、調酒、賽馬、烹飪，以及歐美各國政經人物，大雄都能侃侃而談，如

數家珍，這使淑英非常佩服，她很快的就陷入迷戀、墮入情網、無法自拔。在半推半就下，就和大雄發生超友誼的關係。後來，雙方因為小事情大吵一架，宣告分手。淑英在這時候才猛然發覺，她甚至不知道大雄的真正年歲、在哪裡上班、是否已結婚生子、家住在哪裡、家中有多少家人等事情。因為大雄都是聊一些他人的事情，根本沒有提到自己的事情。大雄和淑英兩人之間，社會滲透程度實在是太淺薄了！

2. 自我表態踏進友誼之門

　　只有溝通當事人對於某些特定事物做出「自我表態」，表示自己的個人意見和看法。並且不評斷對方，才是建立雙方友誼關係的開始。因為單純表述只是一般性的認識他人或同事，傳遞雙方之間的淺層關係。而只有對某一些特定的事物，做出**「自我表態」**。置入「生活」中的生命和愛的關係，雙方才有可能踏進友誼之門，發展友誼關係。因為在一個人對某一特定議題，做出自我表態的同時，就是勇敢將自己這一個人，做出對外的展示和探索。這樣做才有可能透過出自己的知覺態度，以及自我坦露對生命的期望。進而透過甘冒被對方拒絕，甚至是傷害的風險，來試探雙方是否可能發展出友誼。至於雙方之間友誼的深化程度，就需要去針對某些高敏感性題材，做出自我表態的結果，來探求對方的接受程度，來做進一步的判定。

　　若是用事務表達和敏感性高低，當成兩軸來劃分。可以分成四個區塊（圖12-3），包括：

(1) 右上角的區塊為事務物表達和低敏感性層面，談論的是**「風花雪月」**。最強者不過是旅遊的帶團導遊。

(2) 右下角的區塊為事務表達和高敏感性層面，談論到的是**「挖掘隱私」**，主要是重要人物的隱私。表現最強者莫過於記者狗仔隊。

(3) 左上角的區塊則是意見表態和低敏感性層面，談論到的是**「特定意見」**。常見的例子如酒館吧台的酒保。

(4) 左下角的區塊是意見表態的高敏感性層面，討論到的是**「重要意見」**。最常見的例子是政論節目中的意見表述。

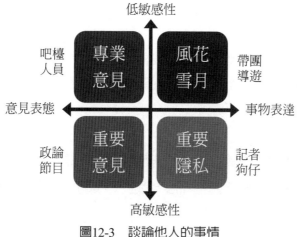

圖12-3　談論他人的事情

　　而在談論他人的事情時，更會有兩種可能的結果：

· **「生命樹」對話**：若是能夠虛懷若谷，有效的聆聽。便能夠建立起高品質的溝通關係，來維持雙方的良好人際關係。因為這時是藉著有效傾聽對方的話語，是用「生命樹」中，生命和愛做根基，釋放出願意瞭解對方，和尊重對方的明確訊息。這是願意給對方承諾，所表現出的一項先決條件。這正如：無論何事，你們想要人怎樣待你們，你們也要怎樣待人，因為這就是律法和先知的道理。

· **「善惡樹」對話**：若是在談論他人的事情時，老是搶話題來發言，不想聽對方來說話，只是賣弄說話人對這一件事物的萬事通能力。這時便是注入「善惡樹」中，是非批判和善惡評斷。最可能也最容易是打斷雙方溝通，破壞雙方關係的危險時刻。這是因為別人早已看見我們驕傲、自義、吹牛的心態，進而對我們敬謝不敏了。誠如，英特爾總裁葛洛夫（Grove）說：「我們溝通得好不好，並不是決定於我們說得有多精采，而是在於對方聽懂多少。」

> 在談論他人事情時，若我們能謙虛自己，用心聆聽，將可維繫高品質溝通，保持優質關係。

在談論他人事情時，爲避免溝通成效不佳，事倍功半，甚至是徒勞無功。我們需要去平衡和對方之間的「聽」和「說」，好使雙方中間的溝通表達過程更加順暢。就是我們談論他人事情品質好壞，是取決於我們的「聽」和「說」內容。我們有沒有在聽？我們都聽些什麼？我們有沒有說得太多？我們都說一些什麼事？

> 我們談論他人事情品質好壞，取決於我們的「聽」和「說」內容。我們有沒有在聽？我們都聽些什麼？我們有沒有說得太多？我們都說一些什麼事？

換句話，在談論他人的事情的自我察覺上，當我們把自己用相機拍進溝通時的照片時。需要掌握兩個關鍵性因素，就是去「說」，留心自己說話時的自信心程度；和去「聽」，注意聽他人說話時的傾聽力程度。若是要使溝通表達更加的順暢，必須要將說和聽這兩方面做有效組合，形成有效溝通表達的能力。在其中，說話的自信心程度關係到當事人能否坦然自在的表現出自己的意念；至於傾聽力程度是收訊者能否有效的瞭解對方所表達出來的意思。自信心足夠的人容易將自己的意思做充分的表達；至於傾聽力程度高的人便可以有效的察覺出對方的心中意思，探索對話時每一句話的眞正內容。

三、談論自己的事情

1. 分享自己的私人事務

若是以績效表現高低和重要程度高低，做爲兩軸來劃分。同樣可以分成四個區塊（圖12-4），包括：

(1) 右上角的區塊是高績效表現和重要程度低的事情。多半是「**生活起居瑣事**」和有趣的遭遇，這是最容易拿出來分享的事情。

(2) 右下角的區塊是績效表現高且重要程度高的事情。例如，「**自己的豐功偉業**」，這也是經常被分享到的事情。

(3) 左上角的區塊是績效表現低且重要程度低的事情。這經常是「**自己生**

活上的許多不愉快的小事情」，這是較難被分享的事情。

(4) 左下角的區塊則是績效表現低且重要程度高的事情。例如，「**自己生命中的挫敗和失落**」，這是最不容易分享的事情。（照片12.1）

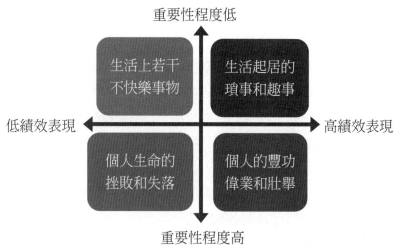

圖12-4　分享自己的事情

照片12.1　我與家人溝通時經常會分享自己的私人事務

2. 分享自己的挫敗和失落

在談論自己的事情時，若是能夠更進一步，勇敢的分享自己的挫敗和失落痛處，更是雙方友誼能否進一步深化的絕佳機會。就是伴隨著分享自己負面的事情，分享的次數愈是增加，雙方的友誼程度更能夠做進一步的加深。也就是雙方的關係韌度，能夠做更進一步的確保。例如，分享自己工作上的失落，被主管去職；或是自己失戀，被愛人拋棄，這明顯較之分享自己工作的晉級升遷，或是分享自己預備結婚的喜悅，更需要較大的勇氣和友誼韌度。這樣做自然容易和對方進立起堅貞不移、不可或缺的友誼。例如，趙雲本來是公孫瓚的別部司馬，在劉備投靠公孫瓚時，公孫瓚將趙雲送給劉備當做侍從，劉備經常和趙雲談論自己的事情，和趙雲結交成為好朋友；後來趙雲的大哥過世，趙雲向劉備請喪假返鄉奔喪。劉備關心趙雲，緊緊握著趙雲的手，為趙雲加油打氣，甚至是仰天長嘆，這讓趙雲倍感窩心，於是趙雲便長期追隨劉備。

四、分享自己感受

1. 揭露自我概念

若說話方和對方彼此的關係足夠深厚時，則說話方會具備足夠的安全感，向對方分享自己的軟弱和失敗。甚至是會全然發洩情緒，揭露自己的「自我概念」，形成高度、深層的自我意識聯結。若是說話方和對方雙方屬於手帕交或密友、男女朋友或夫妻關係，則更會出現獨占式的分享。也就是進入兩人世界的深情對話，這時會產生屬於雙方共享的情感氣氛。會進入仙樂飄飄的喜樂境界，甚至是出現高峰經驗。例如：

「這裡的風景好美，好漂亮！」

「來到這裡，我好像又回到小時候。我想起以前偷摘芒果，被大狼狗追著跑，爬到樹上，對狗裝鬼臉，但是狗卻是賴著不走，使我也不敢下來。笑死人了！現在想起來真得好氣又好笑！」

「你就是愛拿東西，本性不改，總是覺得偷摘的芒果比較甜！」

「嗯！」

「那是一棵大樹，好大的榕樹啊！」

「看到這棵大樹，我就想起小時候在這裡乘涼，聽奶奶講她的故事，奶奶好會講故事喔，我好想好想再聽一次。那時真的無憂無慮，想起來就覺得很開心，很滿足，我真的好想回到從前的快樂日子！」

「這怎麼說呢？」

「我真的不是一個好勇鬥狠的人，而是被這個現實社會逼得很緊，才不得不狠下心這樣拼，將別人踩在腳底下；事實上，我好嚮往這安靜的鄉村田園生活，與世無爭，大家和氣相處，那不是很好嗎！」

2. 揭露個人情緒

當分享自己的感受時，說話方會分享自己的私人秘密，向對方傾訴自我的情緒和感受。例如，流露出喜悅、興奮、暢快、滿足、歡欣等正面情緒；流露出憤怒、懼怕、擔憂、懊惱、愁苦等負面情緒；流露出偏愛、厭惡、想要、逃避等趨避情緒等。這是個人「生命樹」中，生命和愛心探索的深度呈現。例如，工作升遷後的喜悅、追求對方並告白戀情的冒險、情侶吵架後對他人訴苦的糾結、家人過世後的哀傷等。例如：

「你的臉色很不好，是發生了什麼事了？」

「我好緊張，好緊張喔！」

「緊張是一定會的，但是，你的表情好像不只有緊張？」

「是的，我很擔心，擔心這一次的表演，我表現得不好！真的，我一點把握都沒有，我好害怕，好害怕，害怕失去了這一切的光榮！」

五、攀上溝通高峰

高峰經驗是雙方攀上關係的最高峰，彼此達到水乳交融的關係合一境界，雙方產生有如心中瀑布發聲般的深得我心，深淵和深淵彼此響應的暢快感受。例如，恩愛夫妻之間的琴瑟合鳴，舉案齊眉的深層滿足，以及親密性生活的寬慰感受。

總之，以上的社會滲透模式就清楚的說明，我們由熟悉對方（低度分享揭露），到探索情感交換的可能性（稍加改善），到突破障礙來初步交換情感（開放性交換），到進行非語言溝通的穩定交換情感（高度分享揭露）進程。在實際社會中，我們需要發揮溝通力，建立豐沛人脈，推動他

人共同效力,進而使諸事順利。也就是我們和他人溝通的愈深入,就意謂著我們和他的社會滲透程度愈高,我們就愈能夠發展親密關係,來管理和領導對方。成就「有關係就沒關係;沒關係就會有關係」的諺語。

12.3 交流溝通不僵化

　　這時若想要在溝通交流上,形成順暢溝通,產生溝通交流時,充滿了多姿多采的溝通快樂感受。恩里貝能(Eric Berne)的「**PAC交流分析**」(**PAC transactional analysis, TA**),便非常好用(參見圖12-5)。說明如下:

　　所謂的「**PAC交流分析**」,很像是兩個人一起打桌球、打羽球,或是打網球的情形。在說話時是一來一往的說,並且是有來有往的對話。呈現出有規律的輪流發言,同時也是有規律性的輪流傾聽。這時候就需要合適的對話規則,這就像是道路交通規則一樣的要求用路人遵守。才能夠確保溝通對話時的通暢,產生溝通交流的快樂。PAC交流分析就像是溝通高速公路上的交通規則,車輛駕駛人需要透過適當的運作,來達成有效率的溝通對話。同時避免溝通撞車,因此成為雙方溝通對話時的必要規則。這就像是:「一句話說得合宜,就好像金蘋果落在銀網子裡」。

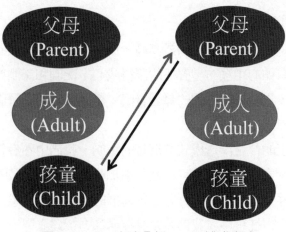

圖12-5　PAC交流分析──互補式交流

一、三種交流角色

　　一個人在表達自己的意見時，按照說話語氣口吻的壓制性高低，可以分成三種位階。分別代表父母（parent, P）、成人（adult, A）、兒童（child, C）的三種身分，這就是「PAC」交流分析。至於PAC的說話角色，就是指透過父母、成人、孩童，三種對話角色的扮演，所形成九種的對話交叉組合。這是指二個人在對話的過程中，所表現出來的下達命令、扭捏作態、倚老賣老、理性對話、天真無邪等不同的對話方式。進而逐漸超越字句本身的意思，進行深層的對話。PAC交流分析模式具有三種對話交流身分。說明如下：

1. 父母的身分

　　「父母」（P）的身分角色，是一個人使用長者或權威人士的優越感身分，用高姿態的位階，來和對方說話。這時個人在說話時，是根據個人主觀印象，站在高處的位置，來向對方說話。表現出一種獨斷獨行，乃至於強勢掌控的氣勢。至於父母身分的說話方式，更可以分成三種子表達的形式。說明如下：

(1) 父母對父母（P對P）：這時是表現出父母對父母般的老成持重。例如，「現代的年輕人都不懂事，都很沒有禮貌。」

(2) 父母對成人（P對A）：這時是表現出父母對成人般的倚老賣老。例如，「小老弟啊，聽我的勸，我走過的橋，比你走過的路還要來得多。」

(3) 父母對兒童（P對C）：這時是表現出父母對兒童般的命令權威。例如，「不準再玩耍，快點念書，馬上就去。」

2. 成人的身分

　　「成人」（A）的身分角色，是一個人使用理性溝通的方式，來表述意見。用平輩的位置，來和對方對話，表現出一種說理論證的架式。至於成人身分的說話方式，更可以分成三種子表達形式。說明如下：

(1) 成人對父母（A對P）：這時是表現出成人對父母般的恭敬尊重。例如，「請你讓開，不要管我這一件事情，拜託了。」

(2)成人對成人（A對A）：這是表現出成人對成人般的理性思辯。例如，「根據最新統計資料顯示，台灣每三對的新婚夫婦，就會有一對夫婦是以離婚收場，值得關切。」

(3)成人對兒童（A對C）：這時是表現出成人對兒童般的命令下達。例如，「現在給我馬上回家，因為時間（17：00）已經到了，你再也沒有理由留下來。」

3. 兒童的身分

「兒童」（C）的身分角色，是一個人使用天真無邪的溝通方式，表述自己意見。說話者的位置是用低姿態的位階，來和對方對話。至於兒童身分的說話方式，可以分成三種子表達形式。說明如下：

(1)兒童對父母（C對P）：這時是表現出兒童對父母般的撒嬌要賴。例如，「你一定要讓我買這一件衣服，拜託、拜託你，好不好嗎？」

(2)兒童對成人（C對A）：這時是表現出兒童對成人般的投機取巧。例如，「媽媽說我可以晚點回家，只要我有先打電話回家報備就可以。」

(3)兒童對兒童（C對C）：這時是表現出兒童對兒童般的天真無邪。例如，「讓我們繼續玩、繼續玩，就是愛玩啊，耶耶耶！」

這時溝通是使用上述的三種角色，和他人進行溝通交流，這就是「交流分析」。又可以分成互補式交流和交錯式交流，兩種子形式。以下先說明互補式交流：

二、互補式交流形式

基本上，發訊者和收訊者之間的對話，就好像是在打乒乓球一樣。在雙方話語的一來一往之間，掌握的恰到好處。就會像是兩個人，跳雙人芭蕾舞般的美麗，這就是溝通力的巧妙地方。

「**互補式交流**」（complementary transaction）是指一個人的意見表述方向，和對方的意見回應方向之間。也就是刺激和反應的流動路線，是呈現出「平行式」的互補形式。這時雙方的交流動線是保持暢通，並沒有出現相互衝突和衝撞交錯的情形。這是相對優質的溝通互動方式。列舉四

種常見的互補式交流形式如下：

1.「P 對 C」與「C 對 P」

　　若一方用父母對兒童（P對C）的權威命令型態來說話，另一方則回應以兒童對父母（C對P）般的順命服從姿態，便會形成PC對CP的互補式對話交流。這時由於一方用長者的位階自居，另一方則順應的用孩童的位階來回應。這就會形成互補順暢的交流溝通結果。例如，我和妻子的以下對話：

　　P對C發訊：「這件事情沒有完成，你該當何罪？」
　　C對P回訊：「是的，小的罪該萬死，甘願受罰。」

　　P對C發訊：「還不快點給我拿著包包。」
　　C對P回訊：「老佛爺吉祥，喳，奴才接旨！」

　　P對C發訊：「這是你的責任，你忘記了嗎？」
　　C對P回訊：「是的，老婆大人，小的這就去辦。」

　　P對C發訊：「你什麼都會丟，你到底什麼東西不會弄丟！」
　　C對P回訊：「老婆大人，我丟掉過很多東西，但是我絕對不會把妳給弄丟的。」

2.「A 對 A」與「A 對 A」

　　若一方用成人對成人（A對A）的理性分析的型態來說話，另一方則回應以成人對成人（A對A）的理智應對形式，同樣也會形成AA對AA的互補式對話交流。例如，繼續以下的對話：

　　A對A發訊：「我相信你能夠完成這件任務。」
　　A對A回訊：「是的，如果沒有意外的話，我一定可以準時做完它。」

A對A發訊：「我想，現在我們必須先坐下來，好好的談談。」

A對A回訊：「對啊，只有心平氣和把話好好說清楚，才能夠真正的解決問題。」

A對A發訊：「根據新聞，最近油價電價都上漲，老百姓的日子更加難過。」

A對A回訊：「沒有錯，什麼都上漲就是薪水沒有漲，也難怪老百姓這些日子都怨聲載道。」

3.「C對A」與「A對C」型

若一方用兒童對成人（C對A）的低位階的型態來說話（撒嬌）時，另一方則回應以成人對兒童（A對C）的理智照管型式，同樣也形成CA對AC的互補式對話交流。這時可形成順暢溝通，這種類型交流經常發生在好朋友、夫妻、閨密之間的溝通。例如，繼續以下的對話：

C對A發訊：「幫幫忙，我快不行了，只有你能夠幫助我！」

A對C回訊：「沒有問題，這一件事情就包在我的身上，你得救了。」

C對A發訊：「人家不管啦，我就是要它，我就是喜歡這個東西嘛！」

A對C回訊：「好了，寶貝，看在你這麼喜歡的份上，買給你就是了。」

4.「A對P」與「P對A」型

若某一方用成人對父母（A對P）的理智語調發言時，另一方則回應以父母對成人（P對A）的監督性防範和控制型式，這時就會形成AP對PA的互補式交流對話，同樣會形成順暢交流，這種類型在同事、上下級、夫妻間，都經常會發生。例如：

A對P發訊：「來，幫我看一下地圖，我想我快要迷路了！」

P對A回訊：「沒有問題，這裡我很熟，我們不會迷路的，不過，我還是先看一下衛星導航定位。」

A對P發訊：「這一件事情，可能需要先請示主任的意見？」

P對A回訊：「我想也是，這事不能草率決定，我們一起到主任辦公室走一趟。」

　　這時，因為前述發言說話和回應反應的對話交流路徑，是呈現出相互平行的交流狀態，並沒有產生相互交叉和彼此交錯的情形。因此就會產生順暢式的交流溝通結果，達成互相分享的快樂。這就像是「一句話說得合宜，就如金蘋果在銀網子裡」。這種分享情況實在是無比甜美的。

5. 美好對話的交流經驗

　　發訊者和收訊者雙方之間，互補溝通對話交流，實在是值得你我用心經營，來達成美好的交流體驗，形成效率化溝通，以及身心舒爽的快樂效果。例如，以下的對話：

　　工作忙碌一整天，我覺得超級疲累，在家門口前的巷子口，我看到妻子，便說：

　　「我好累，整個人快癱掉，我的腳好痠好痠，我快走不動了。」我不自覺的向妻子撒嬌。

　　「好可憐哦，看你累成這個樣子，來，我扶你一把，回到家裡，先給你捶捶背，馬殺雞一下。」妻子用成人對小孩方式的話語，張開雙手回應我的需要。

　　「待一會兒我要抹一抹那個精油。」我還是像孩子向母親般的說話，要東要西……。

　　「那有什麼問題，馬上給您伺候。」妻子用父母溫柔回答孩子般的來回應，由於溝通順暢，加上精油按摩，這使得我很快就感到十分的舒爽。

　　就在我感到休息許久，抹完芳香精油，也洗個熱水澡，躺在沙發上閉

目養神過後，元氣恢復過來。妻子這時才將身子靠過來說：

「老公，老公，你知道明天是什麼日子嗎？」妻子像小孩子一樣，開始對我撒嬌。

「嗯，先別說，讓我來猜一猜。哦，明天是你重新上班的週年紀念日，這真是值得大大的慶祝一番。」我用一種像國王一樣的口氣，宣布這個結果。

「那我們要怎麼樣來慶祝呢？」妻子仍然孩子氣的來說話。

「我們先一起在好口味餐廳吃午餐，然後，我們一起去土城玩，看油桐花，好不好？」我好整以暇的慢慢說出計畫，一如慈祥父母哄孩子般的溫柔語氣說話。

「好耶，讓我們一起去好口味餐廳吃午飯吧！」妻子興高采烈的回應著。

「太棒了！」我也高興的附和著。因著我與妻子之間相互溝通的順暢，遂得以享受美好快樂的兩人世界。（照片12.2）

照片12.2　交流溝通時，兩人互動的角色要靈活不呆板，在出外旅遊時亦然（與妻子在日本高岡櫻花公園賞櫻花）

三、交錯式交流形式

以下繼續說明PAC分析中，交錯式交流的部分。

所謂的**「交錯式交流」**（crossed transaction）。是指一方的意見表達方向，和對方的意見回應方向，就是發言說話和回話反應之間的交流路線，發生相互「交叉」的交錯形式。以致於發生交流中斷，出現對話衝突或交錯糾結的情形，如圖7-2所示。換句話說，發訊者和收訊者中間的對話路線，一旦形成了交錯式交流，自然就容易失去控制。產生了好像是高速公路爆發車禍一般，車輛發生連環碰撞，哀鴻遍野。這是相對劣質的溝通交流互動的情形，應該盡量避免。舉以下三種常見的對話形式來說明：

1.「P 對 C」與「P 對 C」型

若一方使用父母對兒童（P對C）高位階的姿態，用命令式溝通的型態來發言時；另一方則回應以父母對兒童（P對C）高位階的指責式口吻。這時後雙方就會形成PC對PC的相互交錯式對話交流。由於一方採取命令式口吻而另一方並不服氣，同樣也採用相同的口氣回敬對方。基於雙方都是用高位階的掌控式意見表達，這時候就會發生相互衝撞。使得溝通交流的對話過程，發生撞擊而中斷。這種溝通的情況，經常會出現在上級對下級、父母對子女間、丈夫對妻子間。例如，以下的對話：

> P對C發訊：「快點給我去洗澡，你沒有看到我現在要洗衣服嗎？」
> P對C回訊：「你沒有看到我現在正在讀書嗎？我現在沒有空洗澡。」
> P對C發訊：「電視機的聲音開得太大聲了，現在馬上給我關小聲一
> 　　　　　點。」
> P對C回訊：「要你管，電視機我愛開多大聲就開多大聲。」

2.「A 對 A」與「P 對 C」型

若一方用成人對成人（A對A）理性分析的型態發言時，另一方卻回應以父母對兒童（P對C）的武斷式口吻。這時候就會形成AA對PC的交錯式交流對話，同樣是會導致溝通的中斷。然後雙方很可能就接著會言語開

罵，相互傷害。這在上下級、同事、夫妻、兄弟姐妹中，經常會發生。例如，以下的對話：

> A對A發訊：「我告訴你，家裡現在的開銷很大，你能不能就少花一點錢，不要買這支手機。」
>
> P對C回訊：「你不可以管我，我就是一定要買這一支手機。」

> A對A發訊：「請你去倒垃圾，因為家裡待一會兒有客人要來，家裡面有垃圾的味道，很沒有禮貌。」
>
> P對C回訊：「叫弟弟去啦，我現在很忙，沒有空倒垃圾。」

3.「A對A」與「C對P」型

若一方用成人對成人（A對A）理性分析的語氣發言時，另一方卻回應用兒童對父母（C對P），低位階的感情撒嬌式口吻來應對。這時候也會造成AA對CP的交錯式交流，導致溝通的中斷。這在上下級、同事間、父母子女間、夫妻間，經常會發生。例如，以下的對話：

> A對A發訊：「我告訴你，家裡現在的開銷很大，你能不能就少花一點錢，不要買這一支手機。」
>
> C對P回訊：「人家不管啦，人家就是喜歡，喜歡這一款的手機。」

> A對A發訊：「現在，爸爸躺在醫院，需要有人照顧，我看，我們輪流照顧爸爸，好不好？」
>
> C對P回訊：「不要叫我，這不關我的事，我不會做這件事的。」

這時候，由於說話表達和回應反應的對話交流路徑，是呈現出相互交叉式的狀態，而不是互相平行的狀態。因此，會產生意見錯亂般的溝通混淆，導致溝通發生阻擾，甚至是溝通中斷。出現惡意漫罵的苦果，產生不快樂的對話。

4.「P對P」與「P對P」型

此外需要留意的是，在互補式交流當中，還有雙方都使用父母對父母的PP對PP溝通方式。雖然在這個時後，並沒有發生交錯溝通的矛盾和危險。但是，由於雙方都採用獨斷的語氣，非常容易擦槍走火，一發不可收拾，形成壓制和反制的惡性循環。例如，以下的情形：

P對P發訊：「你把衣服洗一下，家裡現在很亂。」
P對P回訊：「你沒有看到我很忙，你找別人做吧。」

5.「C對C」與「C對C」型

同樣的，CC對CC的雙方，都是使用兒童對兒童的溝通交流方式。這也很有可能會發生，場面一團混亂的結果。形成低效率的無政府狀態，需要特別去留意。例如，以下的情形：

C對C發訊：「不管，不管了，我今天就是不想要做晚飯。」
C對C回訊：「不做就不做，那就完蛋了，大家都沒有晚飯吃了。」

總言之，在交流對話方面，個人對生活的感受，某一層面會表現在對他人交流對話的品質之上。這是促成有效溝通的跳板，也是做自己職涯CEO的敲門磚，因而形成個人的有效溝通力。這就是：「良言如同蜂房，使心得甘甜，使骨得醫治。」簡言之，個人欲和他人建立關係、強化關係，和維護關係時，需要展現溝通力。避免由於交流對話方式上的不協調，發生衝撞衝突，甚至是破壞關係，這實在是不智之舉。

第十三章　幸福溝通水到渠成

職涯寫真

最後，本書第13章則是：「幸福溝通」，是前一章快樂溝通的進階篇章。透過其中的尊重式溝通、同理式溝通、幸福溝通，來成就幸福職涯。這也是目前我結婚35週年，與愛妻琴瑟和鳴；兩個兒子都已經結婚成家，各自有美滿的家庭。我也剛要從國立臺北大學教職退休，正要邁向職場生涯管理的下一個階段，幸福職涯正是我這些年來快意生活的寫照。

更進一步，就讓幸福溝通水到渠成吧，來逐漸成就自己的幸福職涯。這需要內心常常喜樂、不住禱告、凡事感恩。做好「尊重式溝通」，不批評論斷；做好「同理式溝通」，不胡亂插話，這樣就能夠順利進入幸福職涯。

13.1 尊重式溝通不批評

今日的快樂，來自於無名的街旁小花
來自於清澈透亮的藍天白雲
來自於綠色精靈的樹木當中
感受到生命，感受到我是被愛的
是上帝創造出這所有的美好
讓我有這個幸運能夠享受這恩惠
這就是幸福的開端

在實際的幸福溝通過程中，是包括平時的一般狀況以及暫時的特殊狀況兩種大分類，這就是本章的內容安排大要。在平時的一般狀況，是雙方

的日常對話，使用**「尊重式溝通」**可以有效改善溝通品質；在暫時的特殊狀況，特別是對方遭遇到哀傷和挫敗的事件時，**「同理式溝通」**便可以派上用場，逐步進入對方的內心，進行「星星知我心」的深度溝通。

我們對自己職涯的快樂感受，基本上是表現在我們和他人的溝通品質上，這是通往幸福的敲門磚，也因此我們的溝通力是快樂職涯的重要著力點。申言之，我們和他人在建立關係、強化關係和維護關係時，需展現溝通力。避免由於對話方式的不協調，發生衝突，甚至衝撞對方，形成浪費口舌在調節雙方說話口氣上。這時就需要「尊重式溝通」，以下加以說明。

在幸福溝通中，有所謂的**「尊重式溝通」**。這是重新校正雙方溝通時的心態，打破「我尊你卑、我強你弱」的本位思想，而是做到真正的尊重對方。這樣就能夠徹底排除溝通上的人為障礙，做到幸福的溝通。也就是說話人從內心尊重對方的**「所是」**（being），因為對方是活生生的「**一個人」**（human being）。是某一位父母親的兒（女），是上帝所創造的一個人；而不是尊重對方的「所做（doing）」，也不是依照對方過去的**歷史事蹟（his-story; personal doing）**，和工作職稱（功名）和社會地位（成就）。這樣的尊重溝通，便可以聯結「生命樹」，直接通到對方的內心。故尊重溝通可以得到生命樹。

本節進入溝通內容的正題，有效溝通需要透過從「心」開始溝通。使用仁慈的話語，做到盧森堡（Lëtzebuerg）所提出的**「尊重式溝通」****（respected communication）**。

具體的說，溝通的硬目標，需要展現尊重式溝通，表現在尊重的話語上面。在這時，說話人需要挺身而出，面對問題的本身；不可以退縮懦弱，天真的期待衝突會自動的落幕，或是消散無蹤。這是天方夜譚，根本不可能發生！

尊重式溝通不僅僅是，消極上不去攻擊別人；更是積極上的進入對方的內心，真實的和他人做深度的接觸。代表著我方和對方中間，建立起親密的關係。尊重式溝通是透過真正的聽和說，培養出相互的尊重。這可以使雙方的心意相通，互相幫助，「共創」雙贏的職涯管理。（照片13.1）

照片13.1 與妻子尊重式溝通，雙方都說出事實而不去批評

　　基本上，尊重式溝通更應該包括兩個層次，就是理性的溝通澄清和感性的溝通澄清。也就是包括，陳述事實及說出感受兩部分，分別代表理性和感性的層面（參見圖13-1）。本節分別說明：

一、陳述事實

1. 陳述事實的意義

　　「陳述事實」（**present the truth**）是指直接說明當時發生的實際狀況，而不加上說話人的主觀評價。這當中包括三個層次的陳述事實。說明如下：

圖13-1 尊重式溝通的三種形式

(1)說明此時和此地

　　要陳述事實，首先需要說明：「**此時和此地**」（**now and here**）。具體的呈現出現在和現場，當時所出現的實際狀況。說出當時有哪些人，並做出什麼樣的事情，以及當時、當地所看到的實際情形。在這時，需要自己好像是親臨現場一樣，走遍現場的每一個角落，並且仔細的察看；好像是使用錄影機錄影過一樣，忠實的呈現出：所看到、所聽到，甚至是鼻子聞到、手觸摸到的每一件事物。例如，我要這樣的說明此時和此地：

　　「客廳中有兩個男人，斜躺著並倒臥在沙發上，手中都拿著漢堡和小薯條；另外還有兩罐已經打開的可樂，放在小茶几上，加上正看著的大螢幕電視。」

(2)說明客觀事情眞相

　　陳述事實必須要說明客觀事情的眞相，而不可以加上個人的主觀意見，甚至是批評和論斷。例如，我要這樣的說明客觀事情眞相：

　　「這一個小房間的書桌上，有三瓶還沒有喝完的礦泉水，散落在四處的五張餅乾包裝紙，還有捲成一團的骯髒衣服，」（這是我眼中所看見的客觀事實眞相）。

　　而不是這樣的批評和判斷：

　　「這一間房間的主人非常的懶惰、很邋遢、很骯髒！」（這是個人的主觀評斷）。

　　這是因爲「懶惰」、「骯髒」、「邋遢」都是批判的用語，是說話人主觀的意見，是一種人身攻擊。這是不可取的，這也是造成對方起而反駁的根源。因爲：「你們說的話，是，就要說是；不是，就要說不是；若是再多說，就是出於那邪惡之子」。

(3)說明人證和物證

　　陳述事實需要說明人證和物證，這就好像是警察和檢察官在辦案時，需要保留人證和物證的完整。人證是指事發的當時，所有在現場的每一個人，以及他們的所見和所聞。物證是指在現場當中，所有出現的動物、植物、物品，和相關的資料、影音等。重點是需要盡可能的還原現場，呈現出最眞實的樣貌，不可以自行加油添醋、自作主張、自行猜測。還有，若

有任何的旁證，也需要加以呈現，不可以任意的忽略。例如，相關的簡報資料、內部文件、附屬文案、聯絡Line、臉書貼文、手機簡訊、照片影音等。

2. 杜絕主觀判斷

陳明事實的反面，就是主觀判斷。**「主觀判斷」**（subjective judgement）是指在以下兩方面，做出個人性的判斷。說明如下：

(1)根據知識來判斷

首先，主觀判斷經常是根據說話人的知識，來做出判斷。這是因為在人類的天性中，很喜歡根據自己的知識和聰明，來批評和判斷別人。因為這樣的判斷他人，內心深處就是代表，是你不懂而我才懂，是你不知道而我卻知道，是你不如我來得聰明。這樣的心裡話，正充分表現出說話的人在心理上的自大。

例如，志剛是國立大學畢業生，如今到某家企業上班。部門中隔壁有一位羅姓同事，他畢業於私立的技術學院。於是志剛一向輕看他。

某一天，羅姓同事辦妥一件大案子，被主任大肆誇獎。這時志剛口裡就酸說：「這件事沒有什麼了不起，不過是一個案子，幹嘛這樣大肆張揚！」

後來，羅姓同事犯了一個小錯誤，在數量計算上出錯，讓公司平白損失五萬元。這時候，志剛就說：「看看看！沒知識，沒學問，辦事就不牢靠，錯誤百出喔！總而言之，只有技術學院畢業的人，就是靠不住！」

志剛的這一段話，不僅是流於個人的主觀判斷，並且言過於實，還是以偏概全。

(2)根據驕傲來判斷

更有進者，主觀判斷更是會根據個人的驕傲，來做出批評判斷。這時就是代表你的地位低，而我的地位比你高；你是錯誤的，而我是正確的。是你不如我來得有權有勢，這是一種心理上的驕傲。

例如，在我的教學生涯中，曾經碰到有一個研究生，他常常拖延要繳交的論文進度報告，並沒有準時交出報告。因此，我對他的個人印象並不好。有一天，我和學生們約見面的時間來到，其他同學都如期交出進度報

告，就只有這一位同學沒有繳交作業。

這個時候，我的腦海中浮現一句話：「你眞是一個偷懶、糟糕的學生，你眞的不可救藥」，我正準備要說出這一句話，又馬上吞了回去。直覺到這一句話是在別人身上，貼上錯誤的標籤：「偷懶、糟糕、不可救藥」。這是來自我這個人「批評判斷」的話語，會貶損到對方的人格和自尊，並且無助於使對方在以後，能夠如期繳交報告。

事實上，我應該這樣說：「某某同學，直到今天，你已經是第三次沒有準時繳交作業，你的論文進度明顯落後其他同學。這樣一定會影響到你舉行畢業論文口試的時間，甚至你沒有辦法在這個學期如期畢業。」這是我表述「事實」的話語，會清楚說明，當前的事實和處境。

又有一次，有一位學生交的報告內容不佳，實在令人搖頭。我也馬上有一句話，浮上心頭：「眞是有夠笨蛋，是一個大白痴，連這個也不會。」這也是一句「評斷」的話語，就是：「笨蛋、白痴」，這句話會打擊到對方的自尊心。事實上，我應該這樣說：「這一題這樣寫，是錯誤的表現方式；另外一題這樣寫，也是考量不夠周全。」這樣的說話才是描述「事實」的眞相。

總括來說，陳述事實是『**我看見（I see）**』。這是單純的中性說辭，沒有附加任何的個人意見評價；至於批評和論斷則是『**我認為（I consider）**』，這不是一個中性語句，而是明顯表現出說話人的主觀意見判斷。單純的陳述事實，而不添加個人的判斷，這是需要多加練習的。因爲人類的始祖亞當和夏娃，在伊甸園裡被蛇引誘，吃下分別善惡樹的果子以後，就變得能夠分辨善惡。而分辨善惡最明顯的記號，就是去評斷誰是誰非，評斷別人的好壞，評論事情的優劣；而一個人在評斷他人時，很容易會和對方的自尊心和價值觀，直接發生碰撞。甚至是直接牴觸，因而引起對方的錯愕、氣憤、忿怒、羞愧的感受，進而直接反擊回來。

於是，所羅門王說：「溫良的舌頭是生命樹，有智慧的必然能夠得人」。所謂溫良的舌頭，就是指單純的陳述事實，而不加上個人主觀的判斷言語，這是「生命樹」的果子；而個人主觀的判斷言語，則是「善惡樹」的果子。因此，陳述事實是只有說出，說話人所看見的眞實事物，而

不要添加自己的主觀判斷。這是因為單純的陳述事實是清潔的水，而個人的判斷則是潑出骯髒水。更進一步是：「什麼都不要論斷，只等上帝的公義來到，上帝要照出暗中的隱情，顯明人心中的意念。」就是提醒你我，只需要單純的陳述事實，而不要加上判斷。在生命樹的基礎上和對方相互對話，好在說話當中，能夠結出生命的果子。因為你們的話，是就說「是」，不是就說「不是」，若再多說，便是出於那惡者。

二、說出感受

本小節繼續說明邀請對方中的說出感受部分。

1. 說出感受的意義

「說出感受」（tell the feeling）是指進入我們的內心，勇敢的說出自己內心的真正感覺。這時是說出兩個層面，基本情緒或複雜情緒的情緒感受。說明如下：

(1) 說出基本情緒

「基本情緒」（basic emotions）是人類天生就擁有的，人類有十幾種的基本情緒。這些情緒通常是包括生理因素，全體人類都共同擁有。常見的基本情緒，包括：喜悅、憤怒、哀傷、厭惡、恐懼、驚訝等。基本情緒通常會經由外界的環境所啟動，再透過人類的感受器官，傳達到人體內。例如，由於看見、聽見、聞到事物，進而生成喜悅，這又稱做「古典情緒」（classic emotions）。古典情緒是指人類的情緒感受，就是傳統的「七情六慾」。就是喜歡、驚訝；生氣、憤怒；悲哀、憂心、煩惱、擔憂、快樂、歡呼、憐愛、偏愛、厭惡、憎惡、嫌棄、害怕、恐懼、想要、欲望等，各種的情緒感受。

說出感受的焦點是，必須要說出個人的真實情緒，而不需要加入自己的任何評斷或是意見。一般來說，情緒感受是一項真實的事件，它並不存在所謂的「對或錯」的人為價值判斷。例如，我要說出基本的情緒：

「當我來到你房間的書桌旁邊，我看見書本攤在地面上，堆成三堆。你沒有把它整理乾淨，我心中覺得非常的生氣。」（說出我的個人內心感受）

而不是說出個人的評價：

「你的房間實在是太骯髒、太混亂了，這好像是豬窩一樣。這樣你一定讀不好書，沒有辦法考上國立大學。」（這是我的個人主觀評價）

(2) 說出複雜情緒

「**複雜情緒**」（complicated emotions）則是在基本情緒的基礎上，由於不同文化層面對於基本情緒有不同的認知，或是在特定的社會條件，或是道德因素下的產物，故稱做複雜情緒。常見的複雜情緒包括：害羞、窘迫、羞愧、內疚、驕傲、難過、挫折等。例如，我要說出複雜的情緒：

「孩子，當我看到你數學期中考試，考三十分的考卷，我覺得非常的內疚；這是我不夠努力，沒有把你教好，我感到很難過。」

「孩子，當我看到你考上這一次的公務員普考，你的努力已經被人看見，你的辛苦用功已經得到好的收成。我覺得非常開心，也感到非常驕傲，你不愧是我們家的大寶貝。」

2. 排除個人批評

相同的，說出感受的反面，就是「個人批評」（指責）。個人指責和批評，是在兩個方面進行個人主觀評判。說明如下：

(1) 根據本位來批評

首先，本位思想是根據說話人主觀的立場來批評。因為在人類的天性中，自然的會用自己的角度，來評價或判斷對方。因為這樣評價對方，就代表我的眼光比較好，而你的眼光比較差；我的角度比你高，而你的角度比我低。我的眼光和角度比你的眼光和角度來得更好，這就是一種明顯的自私和自大。

(2) 根據偏見來批評

更進一步，主觀的判斷或批評，更是會根據以偏概全，或是以全概偏的偏見，來做出判斷。這就好像是「**以偏概全**」**的月暈效果**（halo effect）；或是「**以全概偏**」**的刻板印象**（sterotype image）。這是代表你要照我的意思，來批評或判斷；你要按照我的意思，來做出行動。這是一種「你比我小」而「我比你大」的驕傲觀點，這更是一種心理上的傲慢。

在說話人說出個人感受時，需要觀照自己的內心。用心去體會自

己的內在情感波動，並且直接表達出自己的情緒感受。這時候需要明辨「感受」和「批評」上的不同點。總括來說，情緒感受是「**我覺得**」（**I feel**）。這是單純的中性語句，沒有加上任何的個人評價色彩；至於批評論斷則是「**我認為**」（**I consider**），這已經不再是一個中性語句，而是明顯呈現出說話人的主觀評價色彩。例如：如果我說：「做為一名作家，這樣的寫作，我覺得很失落！」這是誠實說出自己的感覺。而「我認為我寫的作品不夠感人！」則是說出個人的主觀評斷。此外，「我覺得我們已經被別人誤會！」這是一種既是擔心，又是焦急的實質感受；而「我認為我們已經被別人忽略！」則是一種個人的主觀評斷，或評價意見。

同樣的，「個人感受」，是屬於「生命樹」的範疇，是說話人真實的情緒表達。至於「批評指責」，則是屬於「善惡樹」的範圍，是對於某一件事情的是與非、善與惡和對與錯，所做出的個人價值判斷。因此：所以，時候未到，甚麼都不要論斷，只等上主來，他要照出暗中的隱情，顯明人心的意念。

莎士比亞說：「愛情不是花叢下的甜言蜜語，不是桃花源中的通關密語，不是輕細的眼淚刻痕，更不是死硬的強詞奪理，愛情是建立在共同的說話基礎之上的。」這告訴我，說話若是忠於事實的真相，並且落實當事人的實際感受，是雙方建立起長時間情感的穩固基石。富蘭克林也說：「在各種習慣中，最難被克服的就是驕傲。雖然你盡力的隱藏它、克制它、消滅它，但最後，會在不知不覺當中，它仍舊是會顯露出來。」人因為心中的驕傲，就很容易就會進行主觀的價值評斷，並且隨意就隱藏了事實的真相。這樣做就會導致，說話人沒有辦法忠實的呈現，內心的真實感受。

例如：我的孩子已經讀大學，經常忙著看電視或上網，以致於影響到我的睡眠。有一天已經11點鐘，孩子還不上床睡覺。我不禁怒火中燒，便大聲喊著說：「趕快睡覺，不然你會爆肝。」話才剛說出口，我就後悔了。

因為這樣的一句話，不僅孩子有聽沒有到，也引起孩子更大的電腦敲擊聲（表示反感），產生了反效果。也因為這樣的一句話：「你會爆

肝！」這完全是我的「批評指責」；這就好像是對學生說：「不要抽菸，不然你會得肺癌。」完全一樣。效果適得其反，對方反而是將菸抽得更大一口，還更大力的對你吐一口煙。

事實上，我應該說出我的真實「感受」，就是說：「孩子，你這麼晚還沒有睡覺，爸爸會很擔心你的身體。何況你明天上午還要早起上課，爸爸很擔心你的睡眠時間會不夠。」這樣的說話，可以直達孩子的內心，相信也比較能夠打動孩子，效果也會比直接命令孩子要來得更好。

另外，對於抽菸的學生，我可以這樣的說出，我的內心真實感受：「孩子，看到你抽菸，老師心裡很難過，也很擔心你的肺部會受傷。」

在這個時候，我要學習說出尊重話語，而用心傾聽是必經的道路。當下，我需要聽出對方最近發生的事情，並且過濾掉對方的個人評斷。進而體會到對方的真實感受和需要，同時過濾掉對方的個人批評論斷，以及連帶產生的各種的指責聲音。來接住對方提出的幫助或請求，且不會被對方的命令式口吻所激怒。我開始學習「回答柔和，使怒氣消退；言語暴戾，會觸動怒氣」。我相信，只有透過尊重式溝通，才能夠孕育出真正的溝通，這才是建立起美好人際關係的鎖鑰。

三、提出請求

本小節繼續說明邀請對方中，提出請求的部分。

1. 提出請求的意義

「**提出請求**」（provide the request）是針對某一項需求和期待，就是「未滿足需要」來請求協助，並且期望對方能夠適時的幫助，滿足這一項需要的請求。這包括兩個層面的請求，說明如下：

(1) 提出物質資源請求

「**物質資源請求**」（physical requests）是指說話人期望對方能夠，提供具體的物品或財力資源，來協助改善目前環境的行動。例如，供應物資、借用車輛、提供錢財、借用物品、提供消息資訊等。例如，提出物質需求時，我要這樣的提出物質資源請求：

「我需要一套西裝，好來得及參加晚宴。請你借我西裝，好嗎？」

「我需要一顆籃球，好能夠和同學打球。請你借我籃球，好嗎？」

(2)提出服務請求

「**服務請求**」（service requests）是指說話人期望對方能夠提供體力、心力的服務或勞動，來協助改善現有環境的行動。例如，幫忙購買物品、搬移物品、傳遞信件、清洗物品、通報消息等。例如，提出服務需求時，我要這樣的提出服務請求：

「我需要看到一間整齊清潔的房間，請你收拾好書桌，能夠把礦泉水瓶、餅乾包裝紙、骯髒衣物，都全部收拾乾淨。」

「我需要看到一位乾淨清潔的小孩，請你脫掉骯髒衣服，進去浴室洗澡，把頭髮洗乾淨，同時也請你把髒衣服丟進洗衣籃內。」

「我需要看到一間乾淨的房間，請你將你的房間收拾乾淨，好嗎？因為半個小時之後，就會有客人要來家裡。」

這是提出個人服務請求，而不是命令對方必須要遵守，這個時候對方可以選擇接受，也可以直接拒絕。而若是直接命令對方，便是說：

「髒死了，趕快收房間，馬上就去收拾。」

說話人在提出請求時，需要具體的指出，對方需要幫忙做到的事情。所請求的事項若是越清楚、越明確、越具體可行，則對方便越容易去執行，並且確實的完成。說話人在必要時，可以邀請對方複誦一遍所請求的內容，這樣就更能夠確認，對方已經完整的知道，說話人所請求的內容。

2. 拒絕命令強迫

說話人在提出「請求」時，更需要區分「請求」和「命令」的差異。命令是具強制性的，對方不能夠拒絕執行。命令包括兩個層面，說明如下：

(1)直接命令

首先是「**直接命令**」（direct orders）。這是說話人直接下達的命令，認定對方「必須且立刻去執行」。直接「命令」明顯帶有絕對性的強制色彩，對方僅能被動的接受，無法拒絕。這時候對方的反應，經常是會心不甘而情不願。因此常常會流於拖泥帶水、藉故拖延。甚至是陽奉陰違的行為，就是形成「上有政策，下有對策」。例如，父母親會對孩子說：

「你應該把房間收拾乾淨，你現在馬上去做，不然就扣你零用錢。」

「你應該躺在床上睡覺，你現在馬上就睡，不然明天就不准你出門。」

(2) 委任命令

再來是「**委任命令**」（delegative orders）。這是說話人根據法律明文規定，或是上級單位的委任和授權，所下達的命令，並且認定「對方需要按照規定來執行」。這時，委任「命令」就是狐假虎威。但是仍然有一定成分的強制力量，對方仍然無法抗拒。例如：

「你應該把這裡打掃乾淨，現在馬上掃，不然我就告訴班長。」

「你應該把這個位置讓出來，現在馬上讓，不然我就告訴主任。」

事實上，對方面對我們的「請求」時，是可以自由選擇要接受，或是直接拒絕的。就是對方能夠按照我們所請求的，按照事項內容的難易，以及當時的主客觀條件，決定是否接受這樣的一項請求。這時候，說話人給出對方一個可以迴旋的空間。而對方則表現出自由意志的決定，這當中沒有任何的強迫或逼迫，而是表現出「尊重」的雙方溝通。

> 面對發訊者的「請求」，收訊者可以自由選擇接受或拒絕。

繼續我的例子。時間很晚了，我想要上床睡覺，而我的孩子們卻正在看電視或是上網。這時候我除了提出需要，就是想要睡覺的需求；我也可以繼續提出這樣的請求，希望孩子們可以協助來達成。我可以這樣說：「爸爸要睡覺了，你可以把電視機的聲音關小聲一點，也幫爸爸把客廳的燈關掉，好嗎？」

當我提出這樣的「請求」，就是給孩子們一個回答的空間。孩子有權接受或拒絕這樣的一個請求。這時候孩子們會看當時的狀況，決定要不要接受爸爸的請求。一般來說，只要請求是合情合理，不要太過分強人所難。相信出於人心的善意，孩子們都是會接受爸爸的請求，結果造成雙贏的結果。

這時候我千萬不要使用權威，使用「命令」的口吻，說：「孩子們，都給我馬上上床睡覺，現在就去。」這樣很可能就導致溝通的中斷，孩子們只是勉強的配合。甚至是陽奉陰違的對抗，就是在房間裡偷偷摸摸的玩手機，這樣就是雙輸的結果。

13.2 同理式溝通最知心

透過用心和用情的眞心聽，可使收訊者跨越人際鴻溝，和發訊者站在同一陣線上，也就是和發訊者同國，對發訊者進行同理式溝通。

> 你要怎樣使用有情傾聽，來聽你同事的說話？

本章繼續將有效溝通的焦點，放在「聽」的層面。在正常的PAC交流之外，當恰好碰到特殊的事件。例如，突然生病、發生車禍、工作遭到挫敗、考試落榜等意外時。這時需要透過同理式溝通，來引導對方說出尚未說出來的話語、想法、情緒、心情和感受。這時需要敏銳對方的感受，藉著同理心，將對方的心聲說出來。這種感同身受的溝通，就能夠贏得對方的尊重與信任。例如，父母在家中做好積極聆聽，願意專心聆聽，了解孩子的心聲，讓孩子感受到父母親重視他們。因爲在未聽完就先回答的，就是他的愚昧和羞辱。

> 同理式溝通需要先聽出對方沒有說出來的話語、想法、心情和感受。

「同理式溝通」（**empathy communication**）是用對方的角色立場，站在對方的立場來溝通。是用傾聽當成起步，使用合適的同理行動，在心態上感同身受。瞭解對方內心的感受，和對方站在同一條陣線，進而把關懷分享出去，達到愛心同享的結果。同理式溝通就是：「要與快樂的人一同快樂，與哀哭的人一同哀哭，要彼此同心」。

同理式溝通包括感受情緒、角色移轉和同心共情,三個子步驟(參見圖13-2)。先說明感受情緒:

圖13-2　同理式溝通

一、感受情緒

感受情緒就是「有情」,即用心感受的傾聽,說明如下:

感受情緒是「用心、用情,感受對方情緒的聽」,這時需要用心去感受,感受並傾聽對方的情緒流露。專心聽、用心聽、用情感來聽、有情感的聽,聽出對方的情緒走向和真實需要。當你我願意用心感受對方的情緒,就表示願意關心對方活生生的這個人。對對方這個人現在所經歷到的所有事情,抱持著濃厚的興趣。這樣才能夠真正的關心對方,專心「聽」出對方現在到底發生了什麼事情,和現在的情緒狀態。就是你我用一個「專注且聽心」的態度,逐漸進入對方主觀的情感世界當中。

這時候,有情的傾聽態度需要清楚呈現。有幾種有用的感受方式,說明如下:

1. 邀請對方繼續說話

用心感受,基本的方式是邀請對方繼續說下去,鼓勵對方持續說話,不要中斷,表示我們想要多知道一些,想要多瞭解一些,這件事情的來龍去脈和發展動向。例如:

「然後呢？」

「還有呢？」

「再來呢？」

「現在情況是怎麼一回事？」

「這件事情，後來是怎麼發展下去呢？」

「現在請你一定要告訴我，那邊到底是發生了什麼事？」

「情況到底怎麼了，你真正的需要又是什麼？」

「不是這樣的喔，看你眉頭深鎖、悶悶不樂，到底是發生了什麼事情呢？」

2. 表示個人的位置

用心感受中，落實的方式是表示我們現在所在的位置，來支持對方持續說下去的心情。例如：

「我現在就活生生的站在你的前面。」

「我現在就待在你身邊，一直陪著你，等著聽你說說話。」

「我很想要了解你心中的想法。」

「我對於你這幾天當中，所發生的事情，真的很想知道。」

「我對你心中上下起伏的心情，很有興趣，是真正的感到興趣。」

3. 專注傾聽

用心感受中，增強的方式是需要做到**專注傾聽**（intensity listening）。專注在對方的情緒表現上，發現對方的情緒流露、辨識情緒的種類，做到讓對方覺得我們願意專心的聽他，把話全部都說完，然後才去提出自己的想法。例如：

「由你說的話聽起來，你似乎很掛心這樣一件事情。」

「聽起來你有些不耐煩，因為你希望這一件事情，有人出面關心。」

「聽起來你很擔心，因為你以為這樣下去，一定會出事。」

「在這個時候，我相信你一定很擔心他現在的安危。」

「你現在感到很害怕，覺得沒有人保護你，是嗎？」

「所以，你覺得很不公平，你需要有人站出來，出來主持公道。」

「我感覺出來，你有一點緊張和害怕，你害怕自己表現得不夠好。」

「你看起來很失望，你看重工作能夠準時的做完，不是嗎？」

4. 宣告合作的意願

用心感受中，高階的方式是宣告雙方的合作意願，我們向對方發出善意，願意共同努力，去承擔這件事情，來鼓勵對方繼續說下去。例如：

「讓我們一起找出，可以滿足你心中需要的方法。」

「讓我們站在一起，共同把這一件事情做好。」

「讓我們一起來做一點事，使你的生活變得更好。」

也只有在上面的情況下，你我能夠開啓和對方內心的對話，有機會去體會對方的真實感受，以及真正的需要，給出真心的回應，完成有情傾聽。

準此，有情傾聽實在是必經之路。這時候，需要聽出對方最近發生的事情，並且過濾掉對方的個人評斷。進而感受到對方的真實情緒和需要，同時過濾掉對方的個人想法，和連帶產生的指責聲音，接得住對方所提出的幫助請求，並且不被對方的命令口氣所激怒。記得：「回答柔和，使怒氣消退；言語暴戾，觸動怒氣。」只有透過感受情緒，才能夠孕育出真正的同理心溝通，這是建立職場中深層人際關係，也是與家人之間心連心溝通的關鍵步驟。（照片13.2）

二、移轉角色

移轉角色就是「移情」傾聽，就是你我轉移情感到對方身上，用換位來思考。也就是「傾聽加上辨識」，轉換立場，進行角色移情，站在對方的角度來思考，做到感同身受。移情傾聽包括三種形式的轉換，就是**角色轉換、同理心轉換，和情感移入轉換**。說明如下：

1. 角色轉換

當你我站在對方的立場來看事情時，就表示你我願意先行放下自我的優越感位階，將對方真實的生活經驗，直接傾倒在自己的想法中。去想像若是自己有和對方一樣的成長背景和生活體驗時，是不是也會這樣做，甚至是去接受對方這樣的做法，是正確的、是合理的，從而從心中去認同、去接受對方的這一個人。

照片13.2　同理式溝通，可使家人間的心靈得以相通

　　換句話說，這時你是透過「換位思考」的角色轉換，傾聽並體會到對方的心情、感動、情緒和感受。並且把自己想像成對方，想像自己是基於哪一種心理，基於哪一種環境條件，才會發生這種的做法，進而開啟這一項事件。這時候你若是能夠完全換位，站在對方的角度來思考，並且感同身受，抓住對方的眞實心境，一定能夠踏進對方的內心。因爲一顆溫暖的心腸，並接納對方的軟弱，是會給對方強烈的安全感，和高度的信任感。使對方願意卸下心防，分享內心秘密，從而你我能夠聽聞對方的心聲。這樣一來便能夠和對方同心，建立深度的人際關係。這就像是：「人心憂慮，屈而不伸；一句良言，使心歡樂。」

> 一顆溫暖的心腸，並接納對方的軟弱，會給對方強烈的安全感和高度的信任感。

2. 同理心轉換

　　在角色轉換之後，便可以進到同理心轉換。這時候，需要確認以下幾個問題，包括：對方看到什麼？對方聽到什麼？對方眞正的想法和感

覺是什麼？對方說了什麼話？對方做了什麼事？對方的痛苦是什麼？對方會得到什麼樣的好處？這六點就是同理心的六個層面，是**同理心地圖**（**empathy map**）的內容主角。說明如下：

(1) **對方看到什麼**：描繪出對方在他所在的環境中，他所看到的一切。包括報章雜誌、實體市場、寰宇世界、媒體網路、親朋好友（Line和臉書）等提供的消息。

(2) **對方聽到什麼**：描繪出對方在他所在的環境中，他所聽見的一切。是指外在環境怎樣影響到對方。包括：父母說的話、配偶說的話、朋友說的話、上司說的話、同事說的話、競爭對手說的話、其他重要人士說的話語等。

(3) **對方真正的想法和感覺是什麼**：試著描繪出在這種的情況下，對方內心世界的真正想法。包括：真正重要的事情、心中最關切的事情、最感到憂慮、不解和擔心的事情、心中最渴望的事情等，以及在這當中所產生的心中想法和感覺。

(4) **對方說了什麼話、對方做了什麼事**：想像對方可能會說些什麼，會做些什麼，也就是對方當時可能會有哪一些舉動。包括對方的外表和穿著、在公眾場合的發言、在重要場合的態度、對待他人的行動等行為。

(5) **對方的痛苦是什麼**：感受一下對方的痛苦，可能是擔心事情的發展，沒有辦法獲得控制、恐懼會發生某一些事情、令人困惑的事情，或面對橫亙在前面的阻礙等。

(6) **對方會得到什麼樣的好處**：感受一下對方獲得哪一些好處，包括有形和無形的利益。可能是某些想要取得的利益，或是需要獲得的利益。這些利益是對方眼中所看重的成功嗎？或是仍然有一些障礙在當中，它們又是什麼樣的阻礙。

3. 情感移入轉換

在移情傾聽時，要有效發揮傾聽力，不僅是要傾聽言語字句的本身，而要超越話語背後的情感層面，也就是要聽出對方的情感。因為真正的訊息通常是言語背後的情緒感受。於是你我要傾聽對方的話語、聲音、手

勢、經驗、行爲等身體語言。若對方覺得在情感上被我們支持和瞭解，對方就會在內心感受到被關愛、被觸摸。因此當你我用情感去傾聽對方，並且能夠用情感和對方接近。我們便能夠直通對方的情感內心，瞭解對方的情感內涵，形成情感移入傾聽。

　　首先你我要先問自己：「對方的這句話，對他的心情上發生哪一種撞擊？」

　　當你開始用情感來思想對方的話語內容，以及說話方這時候的心情時。你便是已經站在情感傾聽的大門口，你能夠抓到說話方，說出這句話的眞正用意，聽出他的心情，他的感動、他的情緒。

　　例如，當對方額頭深鎖，慢慢的說出：

　　「我覺得大學畢業生不應該只有領28K的薪水，我也認爲他們不應該跑到東南亞國家去打工。」

　　這時對方的心情多半是：「我很擔心台灣現在大學生的競爭力，也擔心東南亞國家的經濟發展，比台灣更加快速。」

　　這些超越外在言語的感動，會直通對方的心情和情緒。

　　這時候，你我若是能夠「聽見」對方的心情感受，便能夠用自己的感覺，來迎合對方的感受，準備移情。也就是向對方說：

　　「哦！我看得出來，你眞的很不快樂（或其他的情感語句）！」

　　這時，若你能夠更進一步，試著向對方說出這樣的對話：

　　「我知道你的感受！因爲你是我的最要好的朋友，」

　　這樣的溫柔話語，能夠使對方感到有人在關心他，就能夠強化情感移入的腳步，進到直通對方內心的「同心共情」當中。

　　同時，你我也可以試著探索自己的內心，去問自己：

　　「現在對方覺得怎麼樣呢？」

　　藉著這樣短短的一句話，你我能夠檢驗情感移入傾聽的成果，探究對方內心的感動。再啓動自己的情感，來觸動對方的內心，做到感同身受，在情感上和對方站在同一陣線之上。

　　這時，自己的內心便會湧出許多的感覺，如泉水般的湧流出來。自己便能夠開始觸碰到對方的情緒（例如，擔心、害怕、緊張、痛苦、厭惡

等），也在同一時間，進入對方的感覺當中，故你能夠設身處地的，體會到對方的心情，從而自然完成流暢的情感移入傾聽。

例如，有一次我有感而發，從心底大嘆一口氣，說：

「我看得出來，這一件事情對你的傷害很大，這一件事情使你受到很大的打擊。」並接著說：「我在乎你的感覺，我在乎你現在的不好感受。」

也只有當自己瞭解對方的感覺，方能夠真正的面對對方的難題，做好同心共情。

> 也只有當自己瞭解對方的感覺，方能夠真正的面對對方的難題，做到真正的同心共情。

三、同心共情

同心共情就是「**共情**」，自己和對方共情同心，共同進入到對方的情感世界當中，就是說出對方內心的真正情愫，真心並同理對方。

藉著「簡述語意」的共情語言，在傾聽後簡短表達我方瞭解對方的心情、感動、情緒、感受。藉此進入對方的內心，深度探索對方的內心世界，並且接納對方現在的心情，諒解該事件發生後的感受，和事件背後的因果關聯。這時自己是和對方真正的同心合意，陪伴對方來面對這樣一個問題。

在同理對方的話語時，是透過傾聽和辨識的過程，做好同理對方的基礎工作。這時，自己若能夠透過共情對話，和對方進行深度的心靈互動，和對方的內心發生共鳴，達成共情對話。這時自己需要將心比心，易地而處，同理對方的心情。因為在對方分享自己（或他人）的事情時，多半會引起自己想要分享本身事物的慾望。這時候你我需要學習先放下自己的發表慾望，進而去傾聽對方的經驗，讓對方覺得你是和他站在同一邊，你會和他共同去面對這一件事。當對方能夠喘一口氣後，你我才可以找機會，來分享自己的事情。這樣的同心共情方式，能夠給對方相當大的空間和安

全感，成就同理心溝通。

例如：當對方沉迷於網路遊戲時，你我千萬不可直接阻止對方，因為這招一定無效。你我需要站在對方的立場，進行有情、移情和共情，和對方的內心直接對話：

「我學到一件事，就是你已經把電動玩具和網路遊戲，都做到很厲害、很熟練。」

「我也知道打電動玩具和網路遊戲，是你現在所能夠做的事情當中，做得最好、最棒的一件事情。」

「因為打電動玩具和網路遊戲，絕對可以好好滿足你的心中需要。」

「你可以告訴我打電動玩具和網路遊戲，會滿足你心中的哪一些需要嗎？」

「讓我們一起來想一想，是不是還有其他更好的辦法，同樣也可以滿足你的需要，但所付出的代價，卻是比較小。」

也只有透過這樣的有情、移情和共情，進行辨識對話。才能夠讓對方放下自尊心、卸下武裝、卸下心防，願意和我們開始對話。這樣一來，真正的同理和行為改變，才有可能發生。理由是你我願意站在對方的立場，就是代表謙虛，願意放下自己的成見和驕傲，來走進對方的世界中。

泰戈爾說：「當我們大大謙卑的時候，便是開始接近偉大的時刻。」卡內基也說：「在職涯的道路上，若是能夠謙讓三分，就能使天空寬、地表闊，消除困難，解除糾葛。」這一點實在是值得你我三思。

四、同理心傾聽小結

最後，若是你我能夠做到同理心傾聽，深信就算是碰到大衝突，大裂痕，也能夠縫合和恢復，有辦法復合。例如：

有一天，我也不知道是怎麼回事，整個人就是覺得很不對勁，覺得渾身無精打采，病懨懨的。妻子見到我如此狼狽景況，於是探過頭來問道：

「怎麼樣了，看你氣色很不好，整個人不太快樂。」

「是啊！今天實在是糟糕透！」我回應。

「來！說說看，到底發生什麼事情，」妻子關心的問著，

「小張今天很差勁，自己做錯事情，還對我大小聲！」我提高音量說

話。

「聽起來你感覺很不舒服，覺得自己很委屈，」妻子同理的探詢著，

「豈有此理，自己沒有做好，還推拖責任，」我生氣的說，

「你覺得很不公平！對於這樣一件事情，你很生氣，」妻子同理的說，

「對啊，真是令我生氣，」我同時大力摔出一粒枕頭，心裡頓時覺得好爽。

「再說，看你的眼睛，好像還有一些事情沒有說，」妻子繼續接著問道，試著同理我的內心。

「喔，妳也看出來了，事實上，我好擔心這一件事情被我搞砸，」這時我的話語帶著陣陣的顫抖。

「是怎麼一回事，你能不能多說一點，」妻子繼續同理著，

「我好擔心，這一件事情我完全搞砸了，我害怕我做不好，我不好；」這時我的話語帶著陣陣的顫抖。

「不！不！不！這一件事情跟你完全沒有關係。你仔細想一想，這一件事情根本不是你的事，是別人的事情。不需要你來負責任，而是應該由別人來負責，」妻子的話語清楚而有力，使我茅塞頓開。

「真的嗎？這不關我的事？我也不用為它負責任，是我管過頭，」我語氣輕鬆，快樂的說。

「對啊，你只是扮演幫忙的角色，事實上，應該負起責任的人是小張，而不是你！」現在妻子這麼一說，我終於聽懂了，

「唔，唔，」我用力的點點頭，

「對了，再提醒你一下，你也不要再罵你自己。」妻子提醒說，

「事實上，這一件事情做得好與不好，跟你一點關係都沒有，你要把你自己和這一件事情，好好切割乾淨。」妻子繼續說。

好像如五雷灌頂一般，我突然覺得耳聰目明起來，全身重擔整個消除，原來，我給自己加上許多無謂的重擔。

這時我整個人十分輕鬆，全身舒爽，我更自由自在的唱起詩歌，讚美上帝的奇妙大能。

最後的話：幸福職涯在這裡

「人類」的英文是「**human-being**」，是「human」加上「being」；這和「**幸福**」的英文「**well-being**」，是「well」加上「being」相類似。兩者都有「being」這個字，也就是「**所是**」，這意味著我們需要回歸到事物的本質來看事情。要強調「所是」，而不是「所有」；要強調「你是誰」，而不是「你做了哪些事」，就是要成為真正的人，享有真正的幸福。也就是對於現在眼前的這一切，都要看作是十分的美好。這個眼光，其實和中文的「**神賜一口田**」，有著異曲同工的妙用。

幸福更是一種體會，是一種平安的狀態，幸福是和知足並列在一起的詞語。仔細看中文的「**福**」這個字，左邊是「**神**」的部首，右邊是「**一口田**」的筆順。故真正的幸福是自己接受並享有，感受到「神賜一口田」的福氣。當自己能夠接受神所給你的那一口田，而自己又覺得很有價值。這時屬於自己的那一份單純的幸福，自然便會有如青鳥，停留下來，停在你我的肩頭上。

幸福的本質在於「**知足**」，我們常說：「**知足常樂**」以及「**敬虔加上知足的心便是大吉大利**」。知足就是能夠「**活在當下**」；幸福是「**滿意你所達成的成果**」，知足就是幸福。要抓住並且珍惜現在所擁有的生活內容，以及和周圍的人、事、景、物。當你我停下匆忙的腳步，好好想一想自己所擁有的這一切，像是朋友、親人、工作和師長等，便可以恍然大悟。因為提醒自己應當好好珍惜現在，對於現狀能夠知足，便能感到幸福。幸福會帶出更多的喜樂，來度過每一個明天。千萬不要沉陷在過去，認為以前的回憶最美，這樣的人不會知足，也不會幸福和快樂。

你我只要有一顆心滿意足的心，你我都會是一位幸福人，會去做幸福的事。這時候，重要的是要讓自己保持知足常樂，這就是職涯管理最後的話：「幸福職涯在這裡」的旅程。

例如，回首28歲自殺獲救後，重新開始職涯，這36年來我的職場生涯

管理，可以分成四個階段的目標導向（詳細內容請參見附錄一：陳澤義的職涯事件簿）：

(1) 職涯學習時期：是攻讀交通大學管理學博士時期。感謝上帝賜福並保守五年完成博士學位。

(2) 十年升任國立大學教授時期：是博士後畢業的10年。我設定了三個階段的到國立大學教授任教的目標，以及三個子目標。感謝上帝賜福並保守成就。

(3) 一年寫一本書時期：是拿到正教授之後的12年。博士論文的指導教授張保隆老師跟我約定，一年寫一本書的計畫。感謝上帝賜福，我也如期完成，直到張老師仙逝為止。

(4) 升等特聘教授時期：是爭取特聘教授升等的5年。感謝上帝的保守和賜福，透過五年內發表15篇SSCI或TSSCI等級的國際學術期刊論文，也如期獲得升等國立臺北大學特聘教授。

這正應著：「人若立志，都是上帝在他的心裡運行，為要成就祂美好的心意」。感謝上帝，我在20歲幾乎被二一退學，28歲還是個臨時約聘人員，28歲失戀後自殺獲救。像我這樣的一個普通人，甚至可以說，是一個破銅爛鐵。在信上帝以後，上帝引導我改變思維，堅信成功是達成目標；幸福是滿足於自己所擁有的。再設定可以達成的具體目標，一步一步的達成。這樣，我的幸福人生就在這裡了。

雖然我這一生的職涯，並沒有什麼輝煌騰達的成就，我沒有擔任大學的一級重要主管；也沒有擔任政府機關的重要職務或大型企業的獨立董事。但因為這並不是我設定的目標，我的個人優勢也不在這一方面，因此我完全沒有在意，沒有放在心上。

反而，我是一個普通人物，並沒有什麼特別的才華和能力。因此，我回首過往，能夠從東吳大學的碩士和中華經濟研究院臨時約聘人員，一步一步的透過職涯管理，在上帝的祝福中，成為國立臺北大學的特聘教授，並完成26本專書，52篇SSCI和TSSCI國際學術期刊論文。這就是我最大的成功和幸福。再加上擁有愛我的妻子，美滿的家庭，兩個兒子都已經結婚成家。正應著：「你的妻子在你內室，好像多結果子的葡萄樹真好，你的

兒女圍繞桌前，好像橄欖栽子。看哪，敬畏上帝的都要這樣蒙福。」我真是個幸福人。

　　最後我更要說：「我的幸福職涯都在這裡，在上帝賜福保守中，我是全世界最幸福的人。」而「我這一生，我已經是了無遺憾。」

參考文獻

王淑俐（民109），《生涯規劃與職涯發展》，台北：三民書局出版。

江智惠、毛樂祈譯（民109），《職場軟實力》，亨利‧克勞德著，台北：校園書房出版。

阮胤華譯（民98），《愛的語言——非暴力溝通》，馬歇爾‧盧森堡著，台北：光啓文化出版。

何則文（民109），《成就未來的你：36堂精準職涯課，創造非你不可的人生》，台北：悅知文化出版。

季晶晶譯（民104），《價值主張年代》，奧斯瓦爾德、比紐赫、班納達、史密斯著，台北：天下文化出版。

洪慧芳譯（民107），《深度職場力：拋開熱情迷思，專心把自己變強》，卡爾‧紐波特著，台北：天下文化出版。

徐仕美、鄭煥昇譯（民103），《最打動人心的溝通課》，艾德‧夏恩著，台北：天下文化出版。

張智淵譯（民103），《一句入魂的傳達力》，佐佐木圭一著，台北：大是文化出版。

陳聖怡譯（民106），《職場俯瞰力：用更高的視角、更寬闊的視野做出快速正確的判斷》（山口眞由著），台北：邦聯文化出版。

陳嫦芬（民105），《菁英力：職場素養進階課》，台北：商周出版。

曹明星譯（民100），《黃金階梯：人生最重要的二十件事》（四版），伍爾本著，台北：宇宙光出版。

黃家齊、李雅婷、趙慕芬（民106），《組織行爲學（第17版）》，羅賓森著，台北：華泰文化圖書出版。

陳澤義（民110），《職場軟實力》，台北：五南圖書出版。

楊明譯（民103），《彼得杜拉克的九堂經典企管課》，李在奎著，台北：漢湘文化出版。

廖月娟譯（民101），《你要如何衡量你的人生》，克里斯汀生、歐沃斯、狄倫著，台北：天下文化出版。

廖月娟譯（民113），《你的人生，真正重要的是什麼？》詹姆斯・萊恩著，台北：天下文化出版。

臧聲遠（民103），《縱橫職場軟實力》，台北：就業情報雜誌出版。

盧建彰（民104），《願故事力與你同在》，台北：天下文化出版。

蕭美惠、林家誼譯（民101），《改變一生的人際溝通法則》，卡內基訓練機構，台北：商周出版。

應仁祥譯（民107），《內在的光》（湯姆斯・祈里著），台北：校園出版。

羅耀宗譯（民103），《聚焦第一張骨牌：卓越背後的超簡單原則》（蓋瑞・凱勒；傑伊・巴帕森著），台北：天下雜誌出版。

附錄一　作者職涯事件簿一覽表

區分	年齡	重大事件	職涯事件（書本）	章節	要目	民國
職涯前期	20歲	差點二一退學	中醫師或中醫教師的抉擇	1.1	使命	68
	22歲	大學畢業	就讀東吳經研所	1.1	目標	70
	24歲	碩士畢業	筆記王子 女友二搶一衝突 上課做筆記	1.1 10.1 5.1	我是誰 創新方案 分析型學習	72
	26歲	中經院工作	中華第一快手	1.1	我要成為誰	74
	28歲	**自殺**	壞事連發 資料導向	2.1 3.1	事件與解讀 天生我才	76
職涯學習時期	29歲	受洗 考博士班	投考博士班 考上博士班 算命不準 研究人的我 留職留薪獲准	1.1 8.2 3.2 1.2	為何我在這 萬有之上 必有所用 BCG矩陣	77
	30歲	結婚	相親選擇愛妻 算命不準確 婚後生娃，6歲定終身	8.1 8.2 9.1	加權平均法 萬有之上 更高的目標	78
	31歲	生迦樂	算命不準確 婚後爭吵	8.2 8.1	萬有之上 決策後評估	79
	33歲	生以樂	婆媳關係	9.2	平衡理論	81
十年升任國立大學 教授時期	34歲	**博士畢業**	指導教授勸阻寫書 不去元智，改去史丹佛	10.1 8.1	重要事優先 問題認定	82
	36歲	美國博士後	考駕照四次 績效評估研究升等	3.2 4.2	排除實際人 發現槓桿	84
	41歲	進銘傳大學	八件事情的取捨 1年3篇3年9篇	4.3 10.2	培養實力 時間管理法	89

區分	年齡	重大事件	職涯事件（書本）	章節	要目	民國
一年寫一本書時期	43歲	**升等正教授**	研究升等和換學校 約定一年寫一本書 分配15章	4.4 10.2 10.2	發展格局 底線時間法 分配時間法	91
	45歲	**進東華大學**	教授第一次換學校	4.4	發展格局	93
	48歲	擔任院長	擔任管理學院院長	6.1	職涯發展	96
	49歲	**進臺北大學**	教授第二次換學校	4.4	發展格局	97
	52歲	通識主任	二兒子推甄地政系 開設通識課程共13年	7.3 6.2	競爭五力 熱忱	100
	55歲	國企所長	二兒子密蘇里州打工 V2拍慶城街一號	7.3 6.1	競爭五力 熱情動機	103
升等特聘教授時期	59歲	**USR執行長**	大兒子長榮航空機師	7.2	競爭五力	107
	61歲	國企所長	再次擔任國企所所長			109
	63歲	**特聘教授**	壓力釋放 常常喜樂，凡事謝恩	11.3	放下不合理 的預防	111
	65歲	屆齡退休	專書26本 SSCI期刊論文52篇	6.2 6.2	熱情寫作 熱情寫作	113

註：陳澤義的生日是民國48年8月25日。

一、職涯工作部門選擇問卷

(一) 請就以下個性傾向敘述，圈選符合你現在個性內涵的程度，而不是你未來想要成爲的個性。並給定分數（本小題共有18題）。

   1. 穩定、實際。

    (1)很不符合；(2)不符合；(3)尚符合；(4)符合；(5)很符合。

   2. 精確、理性。

    (1)很不符合；(2)不符合；(3)尚符合；(4)符合；(5)很符合。

   3. 理想化、夢想。

    (1)很不符合；(2)不符合；(3)尚符合；(4)符合；(5)很符合。

   4. 友善、合作。

    (1)很不符合；(2)不符合；(3)尚符合；(4)符合；(5)很符合。

   5. 辯論、說服。

    (1)很不符合；(2)不符合；(3)尚符合；(4)符合；(5)很符合。

   6. 謹慎、整齊。

    (1)很不符合；(2)不符合；(3)尚符合；(4)符合；(5)很符合。

   7. 看重物質。

    (1)很不符合；(2)不符合；(3)尚符合；(4)符合；(5)很符合。

   8. 保守、被動。

    (1)很不符合；(2)不符合；(3)尚符合；(4)符合；(5)很符合。

   9. 有創意、直覺。

    (1)很不符合；(2)不符合；(3)尚符合；(4)符合；(5)很符合。

 10. 幫助、憐恤人。

    (1)很不符合；(2)不符合；(3)尚符合；(4)符合；(5)很符合。

 11. 有野心、衝勁。

    (1)很不符合；(2)不符合；(3)尚符合；(4)符合；(5)很符合。

12. 耐心足、自覺。

   (1)很不符合；(2)不符合；(3)尚符合；(4)符合；(5)很符合。

13. 坦白、自信。

   (1)很不符合；(2)不符合；(3)尚符合；(4)符合；(5)很符合。

14. 愛分析、獨立。

   (1)很不符合；(2)不符合；(3)尚符合；(4)符合；(5)很符合。

15. 喜愛自我表達。

   (1)很不符合；(2)不符合；(3)尚符合；(4)符合；(5)很符合。

16. 喜歡社交活動。

   (1)很不符合；(2)不符合；(3)尚符合；(4)符合；(5)很符合。

17. 樂觀、活潑。

   (1)很不符合；(2)不符合；(3)尚符合；(4)符合；(5)很符合。

18. 踏實、有效率。

   (1)很不符合；(2)不符合；(3)尚符合；(4)符合；(5)很符合。

(二) 若不考慮你在該方面的能力，請由以下24個選項中，選出8個最能說明你的興趣偏好的選項（不必考慮你是不是會做這一件事情）。

1. 修理汽車、修家電。　　　　2. 打電動遊戲。

3. 玩象棋、橋牌。　　　　　　4. 算命、觀看星座。

5. 玩樂器、演戲劇。　　　　　6. 撰寫文章投稿。

7. 做社區服務志工。　　　　　8. 和陌生人聊天。

9. 討論政治議題。　　　　　　10. 投資股票期貨。

11. 將房間收拾整齊。　　　　　12. 將資料編輯分類。

13. 自行組裝電腦。　　　　　　14. 看機械展、看科技展。

15. 看電腦展、書展。　　　　　16. 參加各種企業競賽。

17. 看電影、藝術展。　　　　　18. 做美工設計、動畫、影片。

19. 探訪孤兒、老人。　　　　　20. 當社團(學生)領袖、幹部。

21. 逛街血拼、殺價。　　　　　22. 閱讀商業、管理雜誌。

23. 記帳收錢、文書。　　　　　24. 將各種資料分類建立表格。

(三) 若考慮你在該方面的能力在內，請由以下36個選項中，選出12個最能說明你想要做的事情的選項（需要考慮你未來需要學會去做這一件事情）。

1. 建築土木。	2. 駕駛車輛、船隻或飛機。
3. 市場分析。	4. 醫療護理。
5. 產品或廣告設計。	6. 雜誌編輯。
7. 社會弱勢照顧。	8. 心理諮商輔導。
9. 推銷、仲介產品。	10. 領導與管理。
11. 秘書、行政。	12. 商業文書管理。
13. 五金、機械。	14. 電機、電子。
15. 電腦程式設計。	16. 經濟分析。
17. 服裝設計。	18. 室內裝潢設計。
19. 教育青少與兒童。	20. 教練、教官。
21. 企業管理顧問。	22. 公共關係。
23. 會計與出納。	24. 建立行政作業流程。
25. 食品製造。	26. 警察消防與保全。
27. 科學探索。	28. 學術理論研究。
29. 美術、攝影。	30. 音樂、文學寫作。
31. 牧師、傳道。	32. 招待、接待他人。
33. 股票、經紀人。	34. 代理、委託業務。
35. 圖書資訊分類。	36. 資料整理、處理。

職涯工作部門選擇問卷：答案卡

學校＿＿＿＿＿＿＿＿＿＿　課程＿＿＿＿＿＿＿＿＿＿＿

姓名＿＿＿＿＿＿　學號＿＿＿＿＿　系級＿＿＿＿＿＿＿＿

(一) 個性傾向（填選1至5分）

題號	1	2	3	4	5	6
分數						
題號	7	8	9	10	11	12
分數						
題號	13	14	15	16	17	18
分數						

(二) 興趣偏好（填下8個題題）

選出	1	2	3	4
題號				
選出	5	6	7	8
題號				

(三) 想要做的事（填下12個題題）

選出	1	2	3	4	5	6
題號						
選出	7	8	9	10	11	12
題號						

(四) 職涯工作部門選擇問卷計分卡

請將(一)、(二)、(三)項的得分，抄至(四)中，來整合計分。

區分	個性傾向（原始）	性格得分（X1）	興趣偏好（原始）	興趣得分（X3）	想做的事（原始）	想做得分（X3）	總計
企業人							
社會人							
實體人							
行政人							
研究人							
藝術人							

你的工作部門選擇結果：_____人，適合_____部門。

二、職涯工作行業選擇問卷

(一) 請就以下各家商店，就你下班後或週末放假時，和朋友在一起逛街時，你最想做的事情（偏好程度），給定分數（本小題共有16題）。

1. 到個性咖啡店（如星巴克或Brown咖啡）品嘗咖啡與茶。
   (1)很不喜歡；(2)不喜歡；(3)還可以；(4)喜歡；(5)很喜歡。

2. 到百貨公司服裝部門或服飾專賣店（如Zara）品味服飾。
   (1)很不喜歡；(2)不喜歡；(3)還可以；(4)喜歡；(5)很喜歡。

3. 到百貨公司家居部門或家飾店（如IKEA）品味家居裝潢。
   (1)很不喜歡；(2)不喜歡；(3)還可以；(4)喜歡；(5)很喜歡。

4. 到汽機車或腳踏車展示場（如BMW或捷安特）品味名車。
   (1)很不喜歡；(2)不喜歡；(3)還可以；(4)喜歡；(5)很喜歡。

5. 到大學校園或中小學校園散步並欣賞校園風光。
   (1)很不喜歡；(2)不喜歡；(3)還可以；(4)喜歡；(5)很喜歡。

6. 到百貨公司遊樂館或電影街遊蕩並品味遊樂新趨勢。
   (1)很不喜歡；(2)不喜歡；(3)還可以；(4)喜歡；(5)很喜歡。

7. 到手機或筆電的展示場館（如Apple）品味新機種。
   (1)很不喜歡；(2)不喜歡；(3)還可以；(4)喜歡；(5)很喜歡。

8. 到農村、養殖場或漁村（如嘉義與台南）體驗農作物或魚類的生長與養殖過程。
   (1)很不喜歡；(2)不喜歡；(3)還可以；(4)喜歡；(5)很喜歡。

9. 到異國料理店或餐館（如韓國或印度館）品味異國料理。
   (1)很不喜歡；(2)不喜歡；(3)還可以；(4)喜歡；(5)很喜歡。

10. 到百貨公司化妝品部門或專賣店（如Adam）品味化妝。
    (1)很不喜歡；(2)不喜歡；(3)還可以；(4)喜歡；(5)很喜歡。

11. 到園藝或DIY家飾店（如特力屋、Hola）品味DIY裝潢。
    (1)很不喜歡；(2)不喜歡；(3)還可以；(4)喜歡；(5)很喜歡。

12. 到鐵道或航空館展示（如台鐵或華航）品味飛機或火車。
    (1)很不喜歡；(2)不喜歡；(3)還可以；(4)喜歡；(5)很喜歡。

13. 到親子教育園或成人教育中心考察各種教育內涵。

(1)很不喜歡；(2)不喜歡；(3)還可以；(4)喜歡；(5)很喜歡。

14. 到電動遊樂場館（如劍湖山）體驗新遊樂設施。

(1)很不喜歡；(2)不喜歡；(3)還可以；(4)喜歡；(5)很喜歡。

15. 到3C資訊展場（如三星）體驗新型手機與APP。

(1)很不喜歡；(2)不喜歡；(3)還可以；(4)喜歡；(5)很喜歡。

16. 到農漁業和礦業展場或林場所體驗傳統文化。

(1)很不喜歡；(2)不喜歡；(3)還可以；(4)喜歡；(5)很喜歡。

(二) 請就以下各家話題，就你下班後或週末放假時，和朋友在一起閒聊時，你最喜歡聊的話題偏好程度，給定分數（本小題共有24題）。

1. 談論各家美食的食材和製作技術。

(1)很不喜歡；(2)不喜歡；(3)還可以；(4)喜歡；(5)很喜歡。

2. 談論異國料理的品味和烹調技術。

(1)很不喜歡；(2)不喜歡；(3)還可以；(4)喜歡；(5)很喜歡。

3. 談論各家餐廳的等級和美食評論家的評語。

(1)很不喜歡；(2)不喜歡；(3)還可以；(4)喜歡；(5)很喜歡。

4. 談論時尚服飾的流行趨勢和外觀風格。

(1)很不喜歡；(2)不喜歡；(3)還可以；(4)喜歡；(5)很喜歡。

5. 談論異國服飾的特色和特種編織技巧。

(1)很不喜歡；(2)不喜歡；(3)還可以；(4)喜歡；(5)很喜歡。

6. 談論各家設計師的服飾取材用色和服飾雜誌評論。

(1)很不喜歡；(2)不喜歡；(3)還可以；(4)喜歡；(5)很喜歡。

7. 談論居家擺飾的品味和裝潢風格。

(1)很不喜歡；(2)不喜歡；(3)還可以；(4)喜歡；(5)很喜歡。

8. 談論居家DIY方式管道和增能技巧。

(1)很不喜歡；(2)不喜歡；(3)還可以；(4)喜歡；(5)很喜歡。

9. 談論各裝潢名家設計品味和藝術內涵。

(1)很不喜歡；(2)不喜歡；(3)還可以；(4)喜歡；(5)很喜歡。

10. 談論各種車輛、遊船或飛機的材質和操作技術。
(1)很不喜歡；(2)不喜歡；(3)還可以；(4)喜歡；(5)很喜歡。

11. 談論各國名家車輛、遊船或飛機的機種和設計風格。
(1)很不喜歡；(2)不喜歡；(3)還可以；(4)喜歡；(5)很喜歡。

12. 談論收藏各國名家車船或飛機模型的樂趣和趣聞。
(1)很不喜歡；(2)不喜歡；(3)還可以；(4)喜歡；(5)很喜歡。

13. 談論紙本書、電子書或教育媒體的內容和管理技能。
(1)很不喜歡；(2)不喜歡；(3)還可以；(4)喜歡；(5)很喜歡。

14. 談論各種知識蒐集、管理或教育的方式和操作技術。
(1)很不喜歡；(2)不喜歡；(3)還可以；(4)喜歡；(5)很喜歡。

15. 談論各大學、圖書館或教育場館的理念內涵和藏書。
(1)很不喜歡；(2)不喜歡；(3)還可以；(4)喜歡；(5)很喜歡。

16. 談論各國音樂、舞蹈、戲劇或藝術的內容和文創發展。
(1)很不喜歡；(2)不喜歡；(3)還可以；(4)喜歡；(5)很喜歡。

17. 談論各種娛樂方式、劇場管理或傳播方式和升級技術。
(1)很不喜歡；(2)不喜歡；(3)還可以；(4)喜歡；(5)很喜歡。

18. 談論各種調酒方式、賭博賽馬管理或風流花邊新聞。
(1)很不喜歡；(2)不喜歡；(3)還可以；(4)喜歡；(5)很喜歡。

19. 談論智慧型手機、平板、筆電的操作方式和升級技術。
(1)很不喜歡；(2)不喜歡；(3)還可以；(4)喜歡；(5)很喜歡。

20. 談論新型APP軟體使用方式、網路平台或翻牆行為。
(1)很不喜歡；(2)不喜歡；(3)還可以；(4)喜歡；(5)很喜歡。

21. 談論物聯網、大數據最新動向、網購與網際網路新趨勢。
(1)很不喜歡；(2)不喜歡；(3)還可以；(4)喜歡；(5)很喜歡。

22. 談論農村、漁村的風土民情、文化故事或人物軼事。
(1)很不喜歡；(2)不喜歡；(3)還可以；(4)喜歡；(5)很喜歡。

23. 談論各地鄉野的自助旅遊經驗、文化象徵或信仰傳說。
(1)很不喜歡；(2)不喜歡；(3)還可以；(4)喜歡；(5)很喜歡。

24. 談論採礦人、林場人、牧場人的日常生活與鄉居歲月。

　　(1)很不喜歡；(2)不喜歡；(3)還可以；(4)喜歡；(5)很喜歡。

(三) 若現在有展覽，請指出你最想去的展覽，請用數字的1、2、3、4來標示前四名。

　　(A) 3C資訊展；(B)電動漫畫展；(C)教育展；(D)房車展

　　(E)家居裝潢展；(F)流行服飾展；(G)美食展；(H)農林礦發展展

職涯工作行業選擇問卷：答案卡

學校＿＿＿＿＿＿＿＿＿　課程＿＿＿＿＿＿＿＿＿＿

姓名＿＿＿＿＿　學號＿＿＿＿＿　系級＿＿＿＿＿＿

(一) 最想做的事情（填選1至5分）

題號	1	2	3	4	5	6	7	8
分數								
題號	9	10	11	12	13	14	15	16
分數								

(二) 談論話題（填選1至5分）

題號	1	2	3	4	5	6	7	8
分數								
題號	9	10	11	12	13	14	15	16
分數								
題號	17	18	19	20	21	22	23	24
分數								

(三) 想看的展覽（填選A至H選項）

區分	第一順位	第二順位	第三順位	第四順位
選項				
分數	8	6	4	2

(四) 行業傾向計分卡

請將(一)、(二)、(三)項的得分，抄至(四)表格中，來整合計分。

代碼	食	衣	住	行	育	樂	資	農
行業內容	食品飲料	服飾化妝	建築家飾	車船飛機	教育知識	影視娛樂	資訊電子	農林漁牧
想做的事								
@								
@								
談論話題								
@								
@								
@								
展覽選擇								
@								
加總								

你的行業傾向結果：_____業。

三、兩份問卷的解說提示

A. 職涯工作部門選擇：解說提示

(一) 個性傾向（每一題得1至5分）

題號	1	2	3	4	5	6
計分	實體	研究	藝術	社會	企業	行政
題號	7	8	9	10	11	12
計分	實體	研究	藝術	社會	企業	行政
題號	13	14	15	16	17	18
計分	實體	研究	藝術	社會	企業	行政

(二) 興趣偏好（每一題得3分）

題號	1	2	3	4	5	6
勾選	實體	實體	研究	研究	藝術	藝術
題號	7	8	9	10	11	12
勾選	社會	社會	企業	企業	行政	行政
題號	13	14	15	16	17	18
勾選	實體	實體	研究	研究	藝術	藝術
題號	19	20	21	22	23	24
勾選	社會	社會	企業	企業	行政	行政

(三) 想要做的事（每一題得3分）

題號	1	2	3	4	5	6
勾選	實體	實體	研究	研究	藝術	藝術
題號	7	8	9	10	11	12
勾選	社會	社會	企業	企業	行政	行政
題號	13	14	15	16	17	18
勾選	實體	實體	研究	研究	藝術	藝術
題號	19	20	21	22	23	24
勾選	社會	社會	企業	企業	行政	行政

題號	25	26	27	28	29	30
勾選	實體	實體	研究	研究	藝術	藝術
題號	31	32	33	34	35	36
勾選	社會	社會	企業	企業	行政	行政

簡單來說，也可以用下面的統整表格來計算：

職涯工作部門選擇問卷計分卡

區分	個性傾向	性格得分 (X1) (註)	興趣偏好	興趣得分 (X3) 每一個3分	想做的事	想做得分 (X3) 每一個3分	總計
實體人		1+7+13		1,2,13,14		1,2,13,14,25,26	
研究人		2+8+14		3,4,15,16		3,4,15,18,27,28	
藝術人		3+9+15		5,6,17,18		5,6,17,18,29,30	
社會人		4+10+16		7,8,19,20		7,8,19,20,31,32	
企業人		5+11+17		9,10,21,22		9,10,21,22,33,34	
行政人		6+12+18		11,12,23,24		11,12,23,24,35,36	

註：性格得分是選1得1分，選2得2分，餘類推；再將三題的得分相加。

B、職涯工作行業選擇：解說提示

(一) 最想做的事情

題號	1	2	3	4	5	6
計分	食	衣	住	行	育	樂
題號	7	8	9	10	11	12
計分	資訊	農林	食	衣	住	行
題號	13	14	15	16		
計分	育	樂	資訊	農林		

(二) 談論話題

題號	1	2	3	4	5	6
計分	食	食	食	衣	衣	衣
題號	7	8	9	10	11	12
計分	住	住	住	行	行	行
題號	13	14	15	16	17	18
計分	育	育	育	樂	樂	樂
題號	19	20	21	22	23	24
計分	資訊	資訊	資訊	農林	農林	農林

(三) 想看的展覽

區分	第一二三四順位
選項	(A)資訊、(B)娛樂、(C)育、(D)行、(E)住、(F)衣、(G)食、(H)農林。（第一、二、三、四順位分別為8、6、4、2分）

附錄三　作者撰寫的專書 26 本及 SSCI/TSSCI 期刊論文 52 篇

1. 陳澤義（2024），**職場生涯管理**，台北：五南圖書出版公司。

2. 陳澤義（2024），**服務管理**（七版），台北：華泰文化事業。ISBN：978-626-7395-23-3

3. 許志義、陳澤義（2024），**電力經濟學**（五版二刷），台北：華泰文化事業。ISBN：957-41-0898-8

4. 陳澤義（2023），**幸福學：學幸福**（四版），台北：五南圖書出版公司。ISBN：978-626-366-497-5

5. 陳澤義（2022），**管理與人生**（四版），台北：五南圖書。ISBN：978-626-343-270-3

6. 陳澤義（2022），**生涯規劃**（四版），台北：五南圖書。ISBN：978-626-343-377-9

7. 陳澤義（2021），**職場軟實力**，台北：五南圖書。ISBN：978-626-317-675-8

8. 陳澤義、曾忠憲（2020），**國際行銷**（三版），台北：普林斯頓國際公司。ISBN：978-957-9548-08-3

9. 陳澤義（2020），**科技與創新管理**（六版），台北：華泰文化事業出版。ISBN：978-986-98977-3-0

10. 陳澤義（2018），**現代管理學**（三版），台北：普林斯頓國際公司。ISBN：978-986-96551-3-2

11. 陳澤義、陳啓斌（2018），**企業診斷與績效評估：策略管理觀點**（五版），台北：華泰文化事業。ISBN：978-986-96031-2-6

12. 陳澤義（2017），**研究方法：解決問題導向**，台北：普林斯頓國際公司出版。ISBN：978-986-5947-96-8

13. 陳澤義、劉祥熹（2016），**國際企業管理-理論與實務**（三版），台北：普林斯頓國際公司。ISBN：978-986-5917-71-5

14. 陳澤義（2016），**解決問題的能力**，台北：印刻雜誌。ISBN：978-986-387-078-4

15. 陳澤義（2015），**溝通管理**，台北：五南圖書。ISBN：978-957-11-8415-9

16. 陳澤義（2012），**影響力是通往世界的窗戶**，台北：聯經出版公司。ISBN：978-957-08-4034-6

17. 陳澤義（2011），**美好人生是管理出來的**，台北：聯經出版公司。ISBN：978-957-08-3742-1

18. 陳澤義（2010），**服務行銷**（二版），台北：華泰文化事業。ISBN：978-957-609-777-5

19. 余序江、許志義、陳澤義（2008），**科技管理與預測**，北京：清華大學。ISBN：978-986-98977-3-0.

20. 許志義、陳澤義、周鳳瑛（2000），**溫室效應與產業發展**，台北：俊傑書局。

21. 許志義、陳澤義（1993），**能源經濟學**，台北：華泰文化事業。

22. 陳澤義、許志義、鄭德珪（1997），**電業管制變革與台電經營策略**，中華經濟研究院當前經濟問題分析系列之7，台北。

23. 陳澤義（1996），**台北縣市大學院校圖書館資源運用相對效率衡量：資料包絡分析模型之應用**，中華經濟研究院經濟專論系列之174，台北。

24. 陳澤義（1996），**台灣電力長期尖峰負載預測：共整合分析之應用**，中華經濟研究院經濟專論系列之169，台北。

25. 陳澤義（1994），**電力產業的挑戰與突破：用戶導向觀點**，中華經濟研究院當前經濟問題分析系列之3，台北。

26. 陳澤義（1994），**缺電成本之估計其在分級電價規劃上的涵義：台灣的實證**，中華經濟研究院經濟專論系列第28卷，台北。

陳澤義 52 篇 SSCI 與 TSSCI 國際學術期刊論文

1. Hsu, George J. Y., and **Chen, Tser-Yieth*** (1990), "An Empirical Test of an Electric Utility under an Allowable Rate of Return," *Energy Journal*, 11(3), 1990, 75-90. https://www.jstor.org/stable/41322391 **[SSCI, impact factor = 0.322]**

2. Hsu, George J. Y., Chang, Pao-long and, **Chen, Tser-Yieth*** (1993), "Outage Costs Caused by Various Outage Depths," *International Journal of Production Economics*, 32(2), 1993, 229- 237. doi: 10.1016/0925-5273(93)90070-2 **[SSCI, impact factor = 0.166]**

3. Hsu, George J. Y., Chang, Pao-long and, **Chen, Tser-Yieth*** (1994), "Various Methods for Estimating Power Outage Costs: Some Implications and Results in Taiwan," *Energy Policy,* 22(1), 69-74. doi: 10.1016/0301-4215(94)90031-0 **[SSCI, impact factor = 0.428]**

4. **Chen, Tser-Yieth*** (1997), "A Measurement of the Resource Utilization Efficiency of University Libraries," *International Journal of Production Economics*, 53(2), 71-80. doi: 10.1016/S0925-5273(97)00102-3 **[SSCI, impact factor = 0.187]**

5. **Chen, Tser-Yieth*** (1997), "An Evaluation of the Relative Performance of University Libraries in Taipei," *Library Review*, 46(3), 190-201. doi: 10.1108/10176749710368217 **[SSCI, impact factor = 0.110]**

6. Hsu, George J. Y.*, and **Chen, Tser-Yieth** (1997), "The Reform of the Electric Power Industry in Taiwan," *Energy Policy,* 25(11), 1997, 951-957. doi: 10.1016/S0301-4215(97)00095-5 **[SSCI, impact factor = 0.444]**

7. **Chen, Tser-Yieth*,** and Yeh, Tsai-Lien (1998), "A Study of Efficiency Evaluation in Taiwan's Banks," *International Journal of Service Industry Management,* 9(5), 402-415. doi: 10.1108/09564239810238820 **[SSCI, impact factor = 0.318]**

8. **Chen, Tser-Yieth*** (1998), "A Study of Bank Efficiency and Ownership in Taiwan," *Applied Economics Letters*, 5(10), 613-616. doi:

10.1080/135048598354276 **[SSCI, impact factor = 0.138]**

9. Chen, Tser-Yieth* and Yeh, Tsai-Lien (2000), "A Measurement of Bank Efficiency, Ownership and Productivity Change in Taiwan," Service Industries Journal, 20(1), 95-109. doi: 10.1080/02642060000000006 **[SSCI, impact factor = 0.274]**

10. **Chen, Tser-Yieth*** (2001), "The Impact of Mitigating CO2 Emissions on Taiwan's Economy," *Energy Economics*, 23(2), 2001, 141-151. doi: 10.1016/S0140-9883(00)00060-8 **[SSCI, impact factor = 0.561]**

11. **Chen, Tser-Yieth*** (2002), "Measuring Firm Performance with DEA and Prior Information in Taiwan's Banks," *Applied Economics Letters*, 9(3), 201-204. doi: 10.1080/13504850110057947 **[SSCI, impact factor = 0.101]**

12. **Chen, Tser-Yieth*** (2002), "An Assessment of Technical Efficiency and Cross Efficiency in Taiwan's Electricity Distribution Sector," *European Journal of Operational Research*, 137(2), 421-433. doi: 10.1016/S0377-2217(01)00101-1 **[SSCI, impact factor= 0.494]**

13. Chen, Tser-Yieth* (2002), "A Comparison of Chance-constrained DEA and Stochastic Frontier Analysis: Bank Efficiency in Taiwan," *Journal of Operational Research Society*, 53(5), 492-500. doi: 10.1057/palgrave.jors.2601318 **[SSCI, impact factor = 0.438]**

14. 林若慧、陳澤義、劉瓊如（2003），「海岸型風景區之旅遊意象對遊客行為意圖之影響──以遊客滿意度為仲介變數」，戶外游憩研究，第16卷第2期，民國92年6月，1-22頁。**[TSSCI]** (In Chinese)

15. **Chen, Tser-Yieth*,** and Li, Chun-Sheng (2003), "Estimating the Benefits of Pollution Reduction on Agricultural Yields: Taiwan's Air Pollution Emissions Fees Program," *Journal of Environment Management,* 68(3): 287-296. doi: 10.1016/S0301-4797(03)00081-1 **[SCI, impact** factor = 0.576]

16. **Chen, Tser-Yieth**, Chang, Pao-Long. and Yeh, Ching-Wen* (2003), "The Study of Career Needs, Career Development Programs and Job Turnover of R & D Personnel: The Case of Taiwan," *International*

Journal of Human Resource Management, 14(6), 1001-1026. doi: 10.1080/0958519032000106182 **[SSCI, impact factor = 0.249]**

17. 陳澤義、張保隆、張宏生（2004），「台灣銀行業善因行銷、外部線索對服務品質、知覺風險與知覺價值之影響關係之研究」，**交大管理學報**，第24卷第2期，民國93年，87-118頁。**[TSSCI]** (In Chinese)

18. **Chen, Tser-Yieth*** (2004), "A Study of Cost Efficiency and Privatization in Taiwan's Banks: The Impact of the Asian Financial Crisis," *Services Industries Journal*, 24(5): 137-151. doi: 10.1080/0264206042000276883 **[SSCI, impact factor = 0.274]**

19. **Chen, Tser-Yieth**, Chang, Pao-Long, and Yeh, Ching-Wen* (2005), "Development of Satisfaction with, and Value of Relationship with Customers: Evidence from High-Encounter Service Sectors," *Chiao-Ta Management Review* (交大管理學報), March, 25(1), 123-148. **[TSSCI]**

20. **Chen, Tser-Yieth,** and Chang, Hung-Shen* (2005), "Reducing Consumers' Perceived Risk through Banking Service Quality Cues in Taiwan," *Journal of Business and Psychology*, September, 19(4): 521-540. doi: 10.1007/s10869-005-4523-5 **[SSCI]**

21. Liu, Hsiang-Hsi, **Chen, Tser-Yieth*** and Pai, Lin-Yen (2007), "Influences of Merger and Acquisition Activities on Corporate Performance in the Taiwanese Telecommunications Industry?" *Services Industries Journal*, December, 27(8), 1041-1051. doi: 10.1080/02642060701673729 **[SSCI]**

22. 陳澤義、洪廣朋、曾建銘（2008），「從關係觀點探討企業夥伴的選擇及對跨組織學習成效的影響」，**交大管理學報**，第28卷第2期，民國97年12月，頁105-130。**[TSSCI]**

23. Hsu, Fang-Ming*, **Chen, Tser-Yieth,** and Wang, Shu-Wen (2009), "Efficiency and Satisfaction of Electronic Records Management Systems in E-Government," *The Electronic Library,* June, 27(3), 461-473. doi: 10.1108/02640470910966907 **[SSCI]**

24. **Chen, Tser-yieth***, Yu, Oliver S., Hsu, George J.Y., Hsu, Fang-Ming,

and Sung, Wei-Nown (2009), "Renewable Energy Technology Portfolio Planning with Scenario Analysis: A Case Study for Taiwan," *Energy Policy,* August, 37(8), 2900-2906. doi: 10.1016/j.enpol.2009.03.028 **[SSCI, Impact Factor=1.857]** [environmental studies field, Q1, 5/66, JIF= 93.182%]

25. Yeh, Tsai-Lien*, **Chen, Tser-Yieth** and Lai, Pei-Ying (2010), "A Comparative Study of energy Utilization Efficiency between Taiwan and China," *Energy Policy,* May, 38(5), 2386-2394. doi: 10.1016/j.enpol.2009.12.030 **[SSCI, IF=2.723]** [environmental studies field, Q1, 7/78, JIF=91.667%]

26. Yeh, Tsai-Lien*, **Chen, Tser-Yieth,** and Lai, Pei-Ying (2010), "Incorporating Greenhouse Gas Effects to Evaluate Energy Efficiency in China," *International Journal of Sustainable Development and World Ecology,* October, 17(5), 370-376. doi: 10.1080/13504509.2010.500496 **[SCI, IF=0.525]** [ecology field, Q4, 116/130, JIF=11.154%]

27. Hsu, Fang-Ming*, **Chen, Tser-Yieth** and Wang, Shu-Wen (2010), "The Role of Customer Values in Accepting Information Technologies in the Public Information Service Sector," *Services Industries Journal,* July, 30(7), 1097-1111. doi: 10.1080/02642060802298376 **[SSCI, IF=1.071]** [management field, Q3, 81/144, JIF=44.099%]

28. **Chen, Tser-Yieth**, Hwang, Shiuh–Nan and Liu, York* (2012), "Antecedents of the Voluntary Performance of Employees: Clarifying the Roles of Employee Satisfaction and Trust," *Public Personnel Management,* July, 41(3), 407-420. doi: 10.1177/009102601204100302 **[SSCI, IF=0.455]** [public administration field, Q4, 41/47, JIF= 13.830%]

29. Hsu, Fang-Ming*, Fan, Chiu-Tsu, **Chen, Tser-Yieth,** and Wang, Shu-Wen (2013), "Exploring Perceived Value and Usage of Information Systems in Government Context," *Chiao-Ta Management Review* (交大管理學報), December, 33(2), 75-104. doi: 10.6401/CMR **[TSSCI]**

30. **Chen, Tser-Yieth***, Yeh, Tsai-Lien, and Chu, Chia-Hui (2014), "Storytelling and Brand Identity in Cultural Digital Archives Industry," *International*

Journal of Information and Management Sciences, June, 25(2): 157-180. doi: 10.6186/IJIMS.2014.25.2.5 **[TSSCI]**

31. Hsu, Fang-Ming*, **Chen, Tser-Yieth**, Fan, Chiu-Tsu, Lin, Chun-Min, and Chiu, Chu-Mei (2015), "Factors Affecting the Satisfaction of an Online Community for Archive Management in Taiwan," *Programs: Electronic Library and Information Systems,* February, 49(1), 49-62. doi: 10.1108/ PROG-12- 2012-0068 **[SSCI, IF=0.556]** [information science & library science field, Q2, 40/83, JIF=54.070%]

32. Li, Chun-Sheng Joseph*, **Chen, Tser-Yieth**, and Yang, Yi-Hsing Phil (2016), "Local Embeddedness, Market Focus, and Productivity: Evidence of Taiwanese Manufacturing MNE Subsidiaries in China," *Growth and Change*, December, 47(4): 596-611. doi: 10.1111/grow.12160 **[SSCI, IF=1.192]** [planning & development field, Q3, 39/55, JIF=30.005%]

33. **Chen, Tser-Yieth***, and Wang, Kang-Ting (2019), "The Influence of Persuasion Knowledge, Third-Person Perception, and Affect on Coping Behavior in the Instagram Stories Feature," *Corporate Management Review* (陽明交大管理學報), 39(2), 1-35. **[TSSCI]**

34. **Chen, Tser-Yieth**, Hsu, Fang-Ming,* and Wu, Shih-Yin (2019), "Examine the Effect on Website Stickiness Using Cognitive Information Cues," *Corporate Management Review* (陽明交大管理學報), 39(1), 49-81. **[TSSCI]**

35. Yeh, Tsai-Lien, **Chen, Tser-Yieth,*** and Lee, Cheng-Chun (2019), "Investigating the Funding Success Factors Affecting Reward-Based Crowdfunding Projects," *Innovation- Organization & Management*, 21(3), 466-486, doi: 10.1080/14479338.2019.1585191 **[SSCI, IF=2.962]** [Management field, Q2, 92/226].

36. **Chen, Tser-Yieth,** and Huang, Chi-Jui Ray* (2019), "Dual Pathways of Value Endorsement in Green Marketing," *Sustainability*, 11(8), 2336-2356. doi:10.3390/su11082336 **[SSCI, IF=2.592]** [Environmental sciences, Q2,

105/250] [environmental studies, Q2, 44/116].

37. **Chen, Tser-Yieth,** and Huang, Chi-Jui Ray* (2019), "Two-tier Scenario Planning: Evidence from Environmental Sustainability Policy Planning in Taiwan," *Sustainability,* 11(8), 2419-2442. doi:10.3390/su11082419 **[SSCI, IF=2.592]** [Environmental sciences, Q2, 105/250] [Environmental studies, Q2, 44/116].

38. 蘇進雄、陳澤義、王詩韻、吳雪伶*（2019），「不動產估價的另類選擇：模糊實質選擇權模型」，**住宅學報**，第28卷第1期，51-81頁 **[TSSCI]** (In Chinese)

39. **Chen, Tser-Yieth*,** Yeh, Tsai-Lien, and Chang, Chin-I (2020), "How Different Advertising Formats and Call to Actions on Videos Affect Advertising Recognition and Consequent Behaviors," *Services Industries Journal*, 40(6), 358-379. doi: 10.1080/02642069.2018.1480724 **[SSCI, IF=6.539]** [Management field, Q1, 54/226=76.33%].

40. **Chen, Tser-Yieth*,** Yeh, Tsai-Lien, and Lee, Fang-Yu (2021), "The Impact of Internet Celebrity Characteristics on Followers' Impulse Purchase Behavior: The Mediation of Attachment and Parasocial Interaction," *Journal of Research in Interactive Marketing*, 15(3), 483-501. doi: 10.1108/JRIM-09-2020-0183 **[SSCI, IF=4.018]** [Business field, Q2, 74/152=51.64%].

41. **Chen, Tser-Yieth*,** Yeh, Tsai-Lien, and Wang, Ya-Jou (2021), "The Drivers of Desirability in Scarcity Marketing," *Asia Pacific Journal of Marketing & Logistics*, 33(4), 924-944. doi: 10.1108/APJML-03-2020-0187 **[SSCI, IF=3.979]** [Busines field, Q2, 76/152=50.33%].

42. **Chen, Tser-Yieth,** and Huang, Chi-Jui Ray* (2021), "Understanding the Determinants of Green Trust: The Role of Green Value Sharing," *Corporate Management Review* (陽明交大管理學報), 41(2), 81-129. DOI: 10.3966/102873102021124102003 **[TSSCI]**

43. **Chen, Tser-Yieth,** Wu, Hsueh-Ling,* and Lin, Ssu-Yu (2021), "The Efficiency-oriented and Value-oriented Route in the Value-building

Framework of Green Businesses," *Journal of Management and Systems* (管理與系統), 28(2), 157-194. **[TSSCI]**

44. **Chen, Tser-Yieth***, Wu, Hsueh-Ling, and Chi, Chen-Yi (2022), «Various Social Media Marketing Activities Affect Online Brand Trust", *Corporate Management Review* (陽明交大管理學報), 42(2), 125-156. DOI: 10.53106/102873102022124202004 **[TSSCI].**

45. Wu, Hsueh-Ling, **Chen, Tser-Yieth***, and Chen, Bo-Heng (2022), "Driving Forces of Repurchasing Social Enterprise Products," *Journal of Business and Industrial Marketing,* 37(2), 447-460. doi: 10.1108/JBIM-08-2020-0381 **[SSCI, IF=3.462]** [Business field, Q3, 93/153=39.54%]

46. **Chen, Tser-Yieth*,** Yeh, Tsai-Lien, and Huang, Ya-Wen (2023), «Influence of Self-disclosure Micro-celebrity Endorsement on Subsequent Brand Attachment: From an Emotional Connection Perspective,» *Services Industries Journal*, Article online published date: 10 May, 2023, doi.:10.1 080/02642069.2023.2209514. **[SSCI, IF=9.405]** [Management field, Q1, 26/226=88.82%]

47. **Chen, Tser-Yieth,** Wu, Hsueh-Ling*, and Tai, Zhi-Cheng (2023), «Appearance and Media Popularity Affecting Experiential Gift-giving", *Asia Pacific Journal of Marketing & Logistics*, 35(9), 2198-2215. doi: 10.1108/APJML-08-2022-0653 **[SSCI, IF=4.643]** [Busines field, Q3, 85/154=45.13%].

48. **Chen, Tser-Yieth*,** Yeh, Tsai-Lien, and Lin, Yen-Ling (2023), «How substitute scarcity appeals effect on experiential gift's purchase intention?», *Chinese Management Studies*, 17(4), 755-769. doi: 10.1108/CMS-09-2021-0411 **[SSCI, IF=2.351]** [Management field, Q4, 186/226=18.64%]

49. **Chen, Tser-Yieth,** and Yeh, Tsai-Lien* (2023), "Enhancing Value-in-use in FinTech Innovation Context", *Canadian Journal of Administrative Science*, 40(1), 67-82. doi: 10.1002/cjas.1663 **[SSCI, IF=1.689]** [Business field, Q4, 136/153=11.44%].

50. **Chen, Tser-Yieth**, Yeh, Tsai-Lien, Wu, Hsueh-Ling*, and Deng, Ss (2023), "Effect of Channel Integration Quality on Consumer Responses within Omni-channel Retailing", *Asia Pacific Journal of Marketing & Logistics*, 35(1), 149-173. doi: 10.1108/APJML-04-2021-0270 **[SSCI, IF=4.643]** [Busines field, Q3, 85/154=45.13%].

51. Yeh, Ching-Wen, and **Chen, Tser-Yieth*** (2024), «The Role of Online Game Usage in the Relationship Between Initial Daily Negative Moods and Subsequent Positive Moods: The Moderating Role of Hedonistic Motivation,» *Current Psychology*, 43, 6101-6113. doi.:10.1007/s12144.023-04789-6. **[SSCI, IF=2.387]** [Business field, Q3]

52. Wu, Hsueh-Ling*, and **Chen, Tser-Yieth** (2024), "Using Instagram Live-streaming Viewers Model to Derive Two Types of Needs Satisfaction", *Asia Pacific Journal of Marketing and Logistics*, accepted and forthcoming. [SSCI]

註：SSCI是Social Science Citation Index的縮寫；TSSCI則是Taiwan's Social Science Citation Index的縮寫。

國家圖書館出版品預行編目(CIP)資料

職場生涯管理／陳澤義著. -- 初版. -- 臺北
市：五南圖書出版股份有限公司, 2024.10
面； 公分
ISBN 978-626-393-832-8(平裝)

1.CST: 職場成功法 2.CST: 生涯規劃

494.35 113014872

1B3W

職場生涯管理

作　　者 ─ 陳澤義（246.7）

企劃主編 ─ 王俐文

責任編輯 ─ 金明芬

封面設計 ─ 封怡彤

出 版 者 ─ 五南圖書出版股份有限公司

發 行 人 ─ 楊榮川

總 經 理 ─ 楊士清

總 編 輯 ─ 楊秀麗

地　　址：106台北市大安區和平東路二段339號4樓

電　　話：(02)2705-5066　　傳　　真：(02)2706-6100

網　　址：https://www.wunan.com.tw

電子郵件：wunan@wunan.com.tw

劃撥帳號：01068953

戶　　名：五南圖書出版股份有限公司

法律顧問　林勝安律師

出版日期　2024年10月初版一刷

定　　價　新臺幣480元

經典永恆・名著常在

五十週年的獻禮——經典名著文庫

五南，五十年了，半個世紀，人生旅程的一大半，走過來了。
思索著，邁向百年的未來歷程，能為知識界、文化學術界作些什麼？
在速食文化的生態下，有什麼值得讓人雋永品味的？

歷代經典・當今名著，經過時間的洗禮，千錘百鍊，流傳至今，光芒耀人；
不僅使我們能領悟前人的智慧，同時也增深加廣我們思考的深度與視野。
我們決心投入巨資，有計畫的系統梳選，成立「經典名著文庫」，
希望收入古今中外思想性的、充滿睿智與獨見的經典、名著。
這是一項理想性的、永續性的巨大出版工程。
不在意讀者的眾寡，只考慮它的學術價值，力求完整展現先哲思想的軌跡；
為知識界開啟一片智慧之窗，營造一座百花綻放的世界文明公園，
任君遨遊、取菁吸蜜、嘉惠學子！